JN026811

Excel

古澤登志美 [著]

パワークエリ

ではじめる

データ集計の自動化

インプレス

ご購入・ご利用の前に必ずお読みください

本書は、2023年7月現在の情報をもとにWindows版の「Microsoft 365 Personal」の「Excel」の操作方法について解説しています。本書の発行後に「Excel」の機能や操作方法、画面などが変更された場合、本書の掲載内容通りに操作できなくなる可能性があります。本書発行後の情報については、弊社のWebページ（https://book.impress.co.jp/）などで可能な限りお知らせいたしますが、すべての情報の即時掲載ならびに、確実な解決をお約束することはできかねます。また本書の運用により生じる、直接的、または間接的な損害について、著者ならびに弊社では一切の責任を負いかねます。あらかじめご理解、ご了承ください。

本書で紹介している内容のご質問につきましては、巻末をご参照のうえ、お問い合わせフォームかメールにてお問合せください。電話やFAX等でのご質問には対応しておりません。また、本書の発行後に発生した利用手順やサービスの変更に関しては、お答えしかねる場合があることをご了承ください。

■用語の使い方

本文中では、「Microsoft 365 Personal」の「Excel」のことを、「Excel」と記述しています。また、本文中で使用している用語は、基本的に実際の画面に表示される名称に則っています。

■本書の前提

本書では、「Windows 11」に「Microsoft 365 Personal」の「Excel」がインストールされているパソコンで、インターネットに常時接続されている環境を前提に画面を再現しています。

はじめに

この本を手に取られた方はきっと、「Excelを使う仕事をもっと楽にしたい」と考えていることでしょう。そう、Excelは学べば学ぶほど仕事が楽になるアプリです。私はExcelを含む様々なITツールの講師を20年以上務めてきましたが、Excelほどその学びが自分を楽にしてくれるアプリは無いと断言できます。

その中でもこのパワークエリは、仕事の効率をアップできる強力なツールです。ほんの30ページほどの第1章を読んでいただくだけでも、パワークエリを学ぶことでどれだけ仕事を効率化できるか、その可能性に気づけるはずです。

第2章ではパワークエリの中でも比較的良く使われる、表の形を大きく変える操作2種を解説しています。これまでコピー＆ペーストを繰り返して、表を整形していた人にはぜひ確認いただきたい機能です。そしてここまで読んでいただいたら、きっとパワークエリの魅力に抗えなくなり、第7章まで一気に学んでみたくなるはずです。

30年以上の歴史を持つExcelの中で、パワークエリは比較的最近搭載された機能です。最初にこの機能を知った時、これまでのExcelとは基本となる考え方に違いがあること、操作画面も異なることなどから、どのように学び始めれば良いのか私自身が迷いました。またボタン名やメニュー名などもわかりやすいとは言い難く、独学で理解するにはハードルが高いとも感じました。

私は講師経験は積んでいますが、プログラミングやデータベースなどのエンジニアとしての経験は無く、それらの専門知識が豊富とは言えません。でもだからこそ、ユーザーにとって「わかりにくいポイント」「間違えやすいポイント」が理解できます。この本ではそんな視点を大切にしながら、初めてパワークエリを触る人はもちろんのこと、Excelがそれほど得意ではなくても「Excelで表を整形したい」「大量のデータを効率良く扱ったり、集計したりしたい」という方にも、パワークエリの使い方を基本からしっかり理解していただけるようにと執筆を進めました。

私のモットーは「ITで仕事を楽に楽しく」です。皆様の仕事が楽に楽しくなることを心から願っていますので、ぜひ本書でパワークエリを一から学んでみてください。

古澤 登志美

本書の読み方

本書は、初めての人でも迷わず読み進められ、操作をしながら必要な知識や操作を学べるように構成されています。紙面を追って読むだけでExcelパワークエリを使ったデータ集計のノウハウが身に付きます。

レッスンタイトル
このLESSONでやることや目的を表しています。

LESSON
11

［商品コード］列を基準に、2つの表を結合しよう

このLESSONでは、新たにクエリを作成し、同じブック内に作成済みのクエリと結合するクエリを作成します。結合の際に基準となる表の指定の仕方、照合する列の指定の仕方など、操作のポイントがありますので、1つずつ理解しながら進めてください。

練習用ファイル　クエリのマージ.xlsx

練習用ファイル
LESSONで使用する練習用ファイルの名前です。
ダウンロード方法などは6ページをご参照ください。

01 ［クエリのマージ］で2つの表を結び付ける

［商品棚卸リスト］シートの表を取得し、LESSON10で作成した［テーブル1］クエリを結合します。［クエリのマージ］を実行しても、すぐに追加された列に求める値が入るわけではありません。結合直後のプレビューでは、追加された列として結合したクエリ名が表示され2つの表が結び付けられたことが確認できます。ただしセルには値として［Table］が表示されており、1つ目の表のどの列を展開するべきか、指定する必要があります。

［テーブル2］クエリの表の右端に［テーブル1］という項目の列が追加される

セルの値に［Table］と表示されるため🔗をクリックして列を展開する必要がある

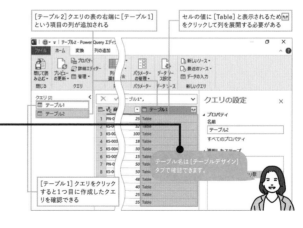

［テーブル1］クエリをクリックすると1つ目に作成したクエリを確認できる

テーブル名は［テーブルデザイン］タブで確認できます。

アドバイス
筆者からのワンポイントアドバイスや豆知識です。

※ここに掲載している紙面はイメージです。実際のページとは異なります。

操作を進める上で役に
立つヒントや補足説明
を掲載しています。

LESSONに関連する一
歩進んだテクニックを
紹介しています。

筆者の経験を元にした
現場で役立つノウハウ
を解説しています。

02 シートの表を取得し2つ目のクエリを作成する

前の LESSON と同じように、[商品棚卸リスト]シートの表を取得すると、ブックの中に 2 つ目のクエリが作成されます。[クエリのマージ]は、自分がどのクエリを扱っているかが重要ですので、「テーブル2」と名前が付いたことを[クエリの設定]作業ウィンドウで確認しましょう。またクエリは分かりやすい名前を付けて管理することもできます。詳細は LESSON42 で紹介しています。

操作手順

実際の画面でどのよ
うに操作するか解説
しています。
番号順に読み進めて
ください。

[商品棚卸リスト]シートの表内にアクティブセルがあることを確認しておく

1 [データ]タブ - [テーブルまたは範囲から]をクリック

2 データ範囲が「$A$1:$E$13」であることを確認

3 チェックが付いていることを確認

4 [OK]をクリック

次のSECTIONで続きの操作を行うためこのままにしておく

手元のパソコンで練習用ファイルを使って手を動かしながら読み進めてください!

　自動で付与されるテーブル名やクエリ名は異なることもある

練習用ファイルを使って操作を繰り返していると、テーブル名の番号部分が本書と異なる場合があります。これは一度範囲... すると、[元に戻す]などで元の状態に戻しても、...たものとして扱われるためです。テーブル名や...た場合には、読み替えて操作してください。

練習用ファイルの使い方

本書では、無料の練習用ファイルを用意しています。ダウンロードした練習用ファイル
は必ず展開して使ってください。練習用ファイルは章ごとにフォルダーを分けており、[完
成版]フォルダーには手順実行後のファイルを格納しています。

練習用ファイルがある項目には、練習用ファイルの
名前を記載しています

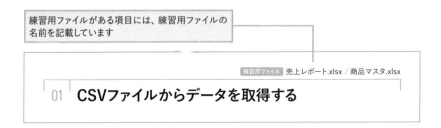

練習用ファイルのダウンロード方法

▼練習用ファイルのダウンロードページ
https://book.impress.co.jp/books/1122101155

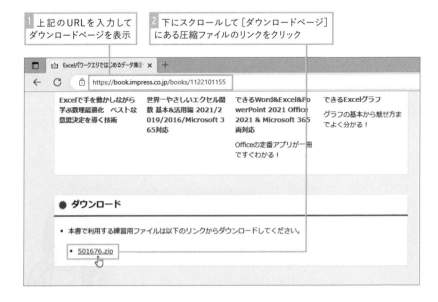

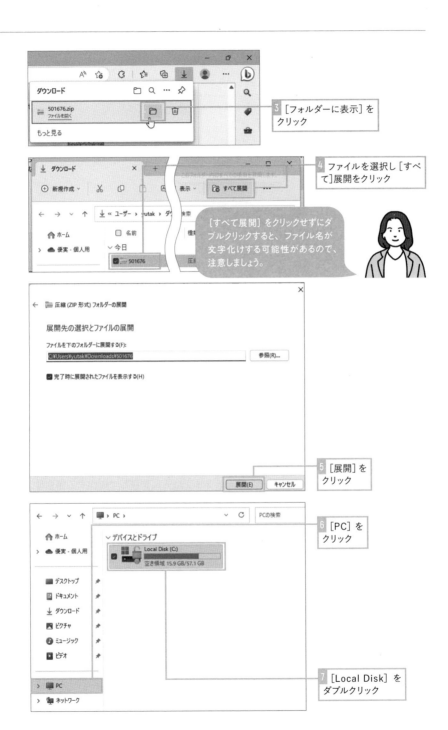

3 [フォルダーに表示] を
クリック

4 ファイルを選択し [すべ
て]展開をクリック

[すべて展開]をクリックせずにダ
ブルクリックすると、ファイル名が
文字化けする可能性があるので、
注意しましょう。

圧縮 (ZIP 形式) フォルダーの展開

展開先の選択とファイルの展開

ファイルを下のフォルダーに展開する(F):

C:¥Users¥yutak¥Downloads¥501676   参照(R)...

☑ 完了時に展開されたファイルを表示する(H)

5 [展開] を
クリック

展開(E)   キャンセル

6 [PC] を
クリック

～デバイスとドライブ

Local Disk (C:)
空き領域 15.9 GB/57.1 GB

7 [Local Disk] を
ダブルクリック

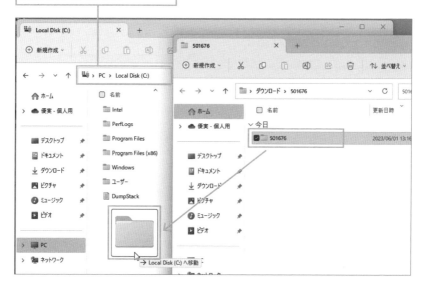

練習用ファイルの保存場所について

Excelパワークエリは取得する元データの位置を「絶対パス」で記録しているため、元データの場所が変わってしまうとエラーが発生します。本書の練習用ファイル内のクエリはシステムドライブに保存された状態を前提にしているため、他の場所に保存すると以下のようなエラーが表示されます。システムドライブ以外に保存して操作する場合は、LESSON41で解説している手順でソースを変更しましょう。

クエリで取得する元データのファイル名や保存場所が変わると、
データを取得できなくなるため、エラーが表示される

保護ビューやセキュリティの警告が表示された場合

ウイルスやスパイウェアなど、セキュリティ上問題があるファイルをすぐに開いてしまわないようにするため、インターネットを経由してダウンロードしたファイルを開くと、保護ビューで表示されます。本書の練習用ファイルは安全ですので、[編集を有効にする]をクリックしてください。また、クエリ入りのブックを開いた際に「セキュリティの警告」のメッセージが表示されることがあります。これはクエリで外部のファイルにあるデータをインポートしているため表示されます。セキュリティの警告を解除するには[コンテンツの有効化]をクリックします。

なお、保護ビューや「セキュリティの警告」は安全性の観点から表示されるもののため、ファイルの入手時に配布元をよく確認して、安全と判断できた場合のみ表示の解除操作を行いましょう。

■ 保護ビューを解除する

[編集を有効にする]をクリックする

■「セキュリティの警告」を解除する

[コンテンツの有効化]をクリックする

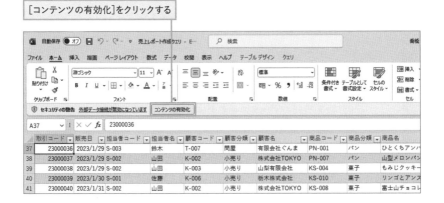

CONTENTS

基本編

第1章

データ整形の流れをマスターしよう

第2章

こんなに簡単！ 表の形を自在に変える

活用編

第 3 章

様々な形式のデータを取り込む

第4章
数値や文字列を必要な形に変換する

第 5 章

条件を指定して行や列を操作する

第6章

クエリをもっと分かりやすく、便利に活用する

第7章

実際の業務を例に集計してみよう

本書の構成

本書は「基本編」「活用編」「応用編」の3部構成となっており、パワークエリの基礎から実践的なテクニックまできちんとまんべんなく習得できます。

基本編
第1章～第2章

パワークエリの基本操作と習得必須の機能「クエリのマージ」「ピボット解除」について解説しています。基本編を通読することでデータの整形・加工に必要な操作と実務で活用するための最低限の知識が身に付きます。

活用編
第3章～第6章

「データの取得」「数値や文字列の加工」など、目的別に章を分け、パワークエリを使ったデータの集計においてよく使われる機能を解説しています。活用編を読むことでデータの整形・加工における便利なテクニックが習得できます。

応用編
第7章

実際の業務を例に、「時間帯」「曜日」ごとの集計や、利益額・利益率を求めるなど、さまざまな切り口でデータを集計します。実務を元に操作を行うことで、各機能の使い所や組み合わせ方がよりイメージでき、業務への応用がスムーズになります。

おすすめの学習方法

STEP 1
まずは基礎の徹底理解からスタート！
第1章～第2章でパワークエリの基本と必須機能を覚えましょう。

STEP 2
活用編にある知りたい項目から学習してみましょう。各LESSONは数ページのコンパクトな構成で収録しているので、LESSONの順番通りでなくてOKです。

STEP 3
使い方が一通り身に付いたら応用編にチャレンジ！目的のデータを作るためにどんな操作や機能が必要か考えながら読み進めると、パワークエリにおける整形・加工に必要な手順を考える力がより鍛えられます。

第 1 章

データ整形の流れを
マスターしよう

Excelに搭載されたパワークエリは、データの加工
や集計の面倒な作業を楽にしてくれるツールです。
特に繰り返し行われる作業は、劇的に効率化できる
可能性があります。練習用ファイルを使って操作を
しながら、まずパワークエリの概要を理解しましょう。

パワークエリとは
何かを知ろう

複雑なデータ加工も簡単な操作で行えるパワークエリですが、だからこそ使う前に知っておきたいポイントがあります。このLESSONでは、パワークエリが作成する「クエリ」とは何か、どんなツールを使うのか、使うときのルールなど、基本的な知識を学びます。

01 1度作成すればあとはワンクリックで完了！

　毎日、毎週、毎月繰り返されるデータ集計や、大量のデータを加工して別のシートにコピーなど、Excelを使っていると「この作業、なんとか楽にならないだろうか」と思うことはよくあります。**パワークエリは、それらの作業手順を「クエリ」という形で保存し、自動化できます。クエリとは、加工元のデータを取得し、それをユーザーが欲しい形に整形し、Excelシート上に読み込むまでの一連の手順を記録したもの**です。作成されたクエリは何度でも繰り返し使えるので、元データの内容に変更があった場合でも、ボタン1つでクエリを実行すれば必要な形に整形できます。

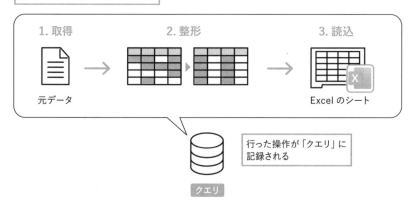

パワークエリは大きく分けて「取得」「整形」「読込」の3工程行う

1. 取得　　　2. 整形　　　3. 読込

元データ　　　　　　　　　　　Excelのシート

行った操作が「クエリ」に記録される

クエリ

02 「Power Query エディター」で加工や整形も楽々

　パワークエリでは、Excelの他、各種システムから出力されることの多いCSVファイルや、Accessなどのデータベースファイル、Webページなど、様々な形式のデータを取得できるので、活用場面が幅広くあります。**取得したデータは、「Power Query エディター」と呼ばれる画面で加工や整形を行います。** 不要な列や行の削除はもちろん、値の変更や、複数の表を結合したり、グループごとに集計したりと、多様な加工を簡単に行うことができます。また、これらの**操作は「ステップ」として目に見えるように記録され、見直しや操作のやり直しも容易に行える**ようになっています。取得されたデータはクエリの中でのみ加工され元データを書き換えることはありませんので、社内システムのデータなども安心して利用することができます。

■Power Queryエディター

行った操作が「ステップ」として記録されるため、整形や加工のために何を行ったのか分かりやすい

マクロとは何が違うの？

　Excelの作業を自動化できる機能にマクロがあります。マクロも便利ではありますが、実務で利用する場合にはどうしてもVBAのプログラミングのスキルが必要です。パワークエリであれば、よく使われるデータ整形はPower Queryエディターで比較的容易にできますので、プログラミングなどの知識がなくてもすぐに活用ができます。

03 | 取得元のデータは「絶対パス」で記録される

　パワークエリでは「ソース」として、**取得する元データの位置を「絶対パス」で記録**します。絶対パスとは、階層構造の大元であるドライブ名から目的のファイルまでの道筋を示す文字列のことです。「C:¥501676¥第1章¥売上レポート.csv」のように、パソコンの中でそのファイルがどこにあるのかを表します。一方で、現在作業しているフォルダーから目的のファイルまでの道筋を表す方法を「相対パス」と言います。

　Excelの参照機能では原則として相対パスを利用していますので、例えば同じフォルダーに入っている2つのファイルが参照関係にあるとすると、フォルダーごと移動するのであればリンクが切れることはありません。これに対して、絶対パスを利用する**パワークエリは、元データの保存場所が変わると、相対的な位置関係が変わらなかったとしてもエラーが発生**します。保存先が変わった場合にソースを修正する方法はLESSON41で詳しく紹介します。

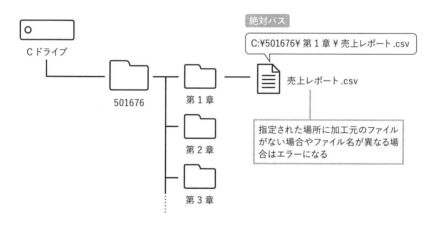

絶対パス
C:¥501676¥第1章¥売上レポート.csv

Cドライブ

501676

第1章

売上レポート.csv

指定された場所に加工元のファイルがない場合やファイル名が異なる場合はエラーになる

第2章

第3章

次のLESSONから、練習用ファイルを使って操作をしながら、パワークエリ活用の流れや、クエリ作成の操作、結果の確認の仕方など、基本的な使い方を学んでいきます。

LESSON 02

販売管理システムから出力されたCSVデータを整形する

ここから練習用ファイルを使いクエリを作成します。データを整形するときは、事前に加工するデータを確認するのが一般的です。元データの状況を把握し、最終的に必要とする表の形とのギャップを明確にすることで、何をすれば良いかが分かります。

練習用ファイル 売上レポート.csv/追加データ.csv

01 クエリで毎月の販売データの集計を楽にする

　練習用ファイル「売上レポート.csv」には2023年1月末までのデータが収められています。このファイルを使って、データを整形して読み込むクエリを作成してみましょう。その後、「追加データ.csv」にある2月分のデータを「売上レポート.csv」に追加し、クエリを更新して最新のデータが読み込まれることを確認します。このクエリを使えば、販売管理システムから毎月最新のデータを出力して集計するような作業を効率化できます。

■売上レポート.csv

1月末日までの売上データ

■追加データ.csv

2月分の売上データ

追加

■売上レポート作成クエリ.xlsx

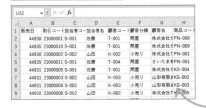

売上レポート.csvを元にデータ整形するクエリを作成。売上レポート.csvに追加データ.csvにある2月分のデータを追加後、作成したクエリを更新すると2月までのデータが整形されて読み込まれる。

集計用データとして整えるべきものがあるか確認

　まず「売上レポート.csv」をExcelで開き、データを確認します。A列［販売日］からN列［備考］までの列があります。**［販売日］列の値はシリアル値と呼ばれる5桁の数値**になっています。シリアル値についてはLESSON05で詳しく紹介しますが、このままでは**日付データとして活用できない**ため整える必要があります。また［備考］列の値は集計には関係がないので、列自体を削除した方が良いことが確認できます。

［販売日］列のデータが5桁の
数値になっている

集計に不要な［備考］列が
N列にある

	A	B	C	D		G	H	I	J	K	L	M	N
A1				fx	販売日								
1	販売日	取引コード	担当者コー	担当者名		名	商品コード	商品分類	商品名	単価	数量	計	備考
2	44930	23000001	S-001	佐藤		会社カ	PN-009	パン	ピーナツ	1300	4	5200	
3	44935	23000010	S-001	佐藤		会社カ	PN-009	パン	ピーナツ	1300	1	1300	
4	44930	23000002	S-002	山田		会社T	PN-001	パン	ひとくち	1000	7	7000	CP特価
5	44935	23000011	S-001	佐藤		たま株	PN-001	パン	ひとくち	1200	10	12000	
6	44931	23000005	S-001	佐藤		会社T	KS-004	菓子	もみじクッ	2800	2	5600	
7	44931	23000003	S-002	山田		有限会	KS-002	菓子	流れ星の	3500	10	35000	
8	44931	23000004	S-002	山田		有限会	KS-003	菓子	サクラの	3200	8	25600	
9	44932	23000006	S-002	山田		会社T	KS-005	菓子	マーブルチ	3500	7	24500	
10	44932	23000007	S-003	鈴木		たま株	PN-006	パン	さくさくプ	1600	6	9600	
11	44932	23000008	S-002	山田		業株式会	PN-007	パン	山型メロン	1100	5	5500	
12	44934	23000009	S-002	山田		会社T	KS-008	菓子	富士山チ	2500	1	2500	担当代行
13	44936	23000012	S-001	佐藤		会社カ	KS-003	菓子	サクラの	3200	1	3200	
14	44937	23000013	S-001	山田		会社カ	KS-001	菓子	リンゴしり	3000	8	24000	
15	44938	23000014	S-001			株式会	KS-004	菓子	もみじクッ	2800	8	22400	
16	44938	23000015	S-001	佐藤		会社カ	PN-007	パン	山型メロン	1100	6	6600	
17	44939	23000016	S-001	佐藤		式会社カ	KS-002	菓子	流れ星の	3500	5	17500	

Excel以外のアイコンになっている場合は

　CSVファイルのアイコンの形がExcel以外のものになっている場合があります。これはCSVファイルを開く既定のアプリとしてExcel以外が設定されていることを表しています。既定のアプリを変更する場合はWindowsの［設定］メニュー内、［アプリ］-［既定のアプリ］で設定します。一時的にExcelを使って開きたい場合には、該当のCSVファイルを右クリックし、［プログラムから開く］メニューでExcelを選びます。

LESSON 03

データの取り込み開始！
新しいブックにクエリを作ろう

新しいブックにデータを取得しながら、Power Queryエディターの画面構成や基本操作について確認します。Power QueryエディターはExcel画面とは別のツールとして起動します。今後の操作のために、よく使うツールの名称と役割を覚えておきましょう。

練習用ファイル 売上レポート.csv/追加データ.csv

01 取得するデータはプレビューで確認できる

　新しいクエリを作成する場合、元データとなるファイルを選択してデータ取得するところから始めるのが一般的です。このLESSONでデータソースに指定するのは、前のLESSONで確認した「売上レポート.csv」です。操作の途中でデータの内容がプレビューされるので、正しいデータを選択したか確認ができます。次のSECTIONでPower Queryエディターを起動しましょう。

取り込むデータが
表示される

[区切り記号] が [コンマ] に
なっていることを確認する

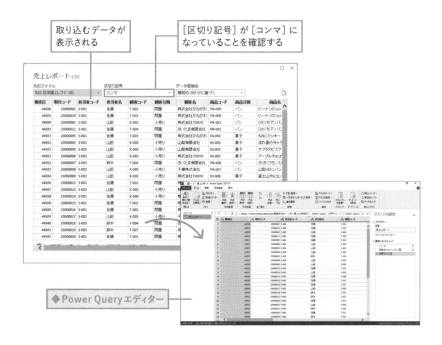

◆Power Query エディター

02 データの形式を選択して取得しよう

　パワークエリでは様々な形式のデータを取得できます。そのためデータの取得
は、どんな種類のデータを取得するのかをボタンやメニューで選ぶことから始め
ます。選択されたデータの種類によって、その後Power Queryエディターが開
くまでの操作が多少異なります。

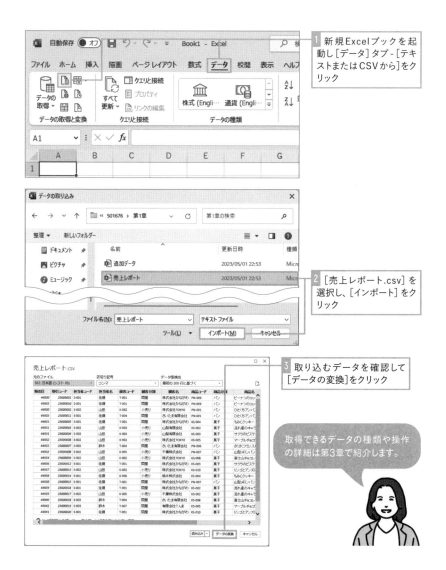

1 新規Excelブックを起動し[データ]タブ-[テキストまたはCSVから]をクリック

2 [売上レポート.csv]を選択し、[インポート]をクリック

3 取り込むデータを確認して[データの変換]をクリック

取得できるデータの種類や操作の詳細は第3章で紹介します。

Power Queryエディターが	LESSON04でデータを整形するため
起動した	このままにしておく

データを指定せずに起動するには

　以下の手順でデータを指定せず、クエリのない状態で起動することも可能です。Power Queryエディター起動後に取得する元データを指定するには[ホーム]タブ-[新しいクエリ]グループ内のボタンを使います。また[データの入力]ボタンを使うことで、直接データを入力することも可能です。[空のクエリ]を指定して起動することも可能ですが、この場合はまだ操作が何も記録されていないクエリが開きます。

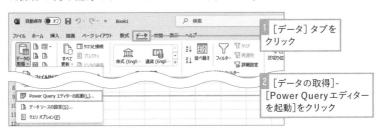

1 [データ]タブをクリック

2 [データの取得]-[Power Queryエディターを起動]をクリック

---

03 Power Queryエディターの画面構成

　Power Queryエディターには、取得されたデータがプレビュー画面に表示されます。編集操作を行うごとにプレビュー画面も更新され、読み込んだときのデータの形を確認できます。現在の画面では、ナビゲーションウィンドウ、[クエリの設定]作業ウィンドウに、「売上レポート」というクエリ名が表示されています。クエリ名を特に指定しなかった場合、取得したファイル名やテーブル名が自動的に設定されます。

■Power Queryエディターの各部の名称と機能

■Power Queryエディターの各部の名称と機能

名称	説明
リボン	Excelで使われているリボン同様、ボタンが機能ごとにグループ分けされている。クエリ全体に関するよく使う操作をまとめた［ホーム］タブ、テーブル全体の処理や列の値を変更する際に使用する［変換］タブ、新しい列の作成に使用する［列の追加］タブ、主に表示をコントロールする際に使用する［表示］タブがある。
数式バー	パワークエリでは、すべての操作はM言語と呼ばれるプログラミング言語で記録され、数式バーでは、選択しているステップがM言語でどのように記述されているか確認できる。本書ではM言語は扱わないが、数式バーのコードを確認することで、パワークエリがより理解しやすくなる。
ナビゲーションウィンドウ	作成中のクエリと、現在のブックに保存されているクエリの一覧が表示される。複数のクエリが表示されている場合、クエリ名を選択することで編集するクエリを切り替えられる。
プレビュー	編集中のデータの状態を確認できる。列の選択などは、プレビュー画面内で行う。
［クエリの設定］作業ウィンドウ	［プロパティ］でクエリの名前の確認や変更ができる。［適用したステップ］には操作した手順がステップとして記録され、行った操作の確認や、ステップの削除などが行える。

04 自動実行された操作も「ステップ」として表示される

　マクロは操作がVBAのコードとして記録されプログラミングに慣れない人には内容の確認がしにくいですが、パワークエリはステップとして表示され分かりやすく操作の確認ができます。現在、[適用したステップ]には3つのステップがあります。データ取得時に自動的に行われた整形などもこのようにステップとして記録されます。

クエリ名が表示される。初期状態では取得元のファイル名などがクエリ名になる

Power Query エディター上で実行した操作が表示される

ここもポイント！

[×]ボタンでこれまでの動作をすべて破棄する

　Power Query エディター画面右上の[×]ボタンをクリックすることで、Excelなど他のアプリと同様これまでの作業内容を保存せずに画面を閉じることができます。最初から操作をやり直したいときなど、[破棄]を選んでPower Query エディターを閉じましょう。

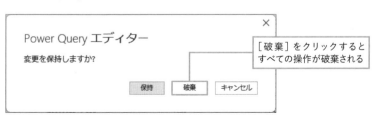

[破棄]をクリックするとすべての操作が破棄される

05 「ステップ」を選択すると操作がプレビューされる

ステップをクリックし選択すると、プレビュー画面に選択されているステップが実行された直後の様子が表示されます。実務で長くクエリを使っていると、列の数が増減するなど取得する元データの形が変わってしまいクエリが正しく動かなくなることなどもありますが、**ステップを追っていくことでどこを修正すれば良いか、簡単に確認できます。**

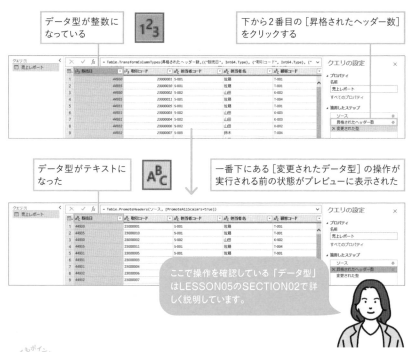

データ型が整数になっている

下から2番目の［昇格されたヘッダー数］をクリックする

データ型がテキストになった

一番下にある［変更されたデータ型］の操作が実行される前の状態がプレビューに表示された

ここで操作を確認している「データ型」はLESSON05のSECTION02で詳しく説明しています。

自動的に作成されたステップとは

クエリはどのデータを取得するかを指定する［ソース］からステップが始まりますので、データを指定してPower Queryエディターを起動すると必ずこのステップが作成されます。そのほか表の項目名に当たる部分を自動的に列名にする［昇格されたヘッダー数］、列の値を自動判定したデータ型に変更する［変更された型］も、自動的に作成されることの多いステップです。

LESSON

04

一番よく使う操作はこれ！列の削除や移動

データ整形で最もよく使われるのが、列の削除と移動です。同じ形の表を繰り返しコピー&ペーストして整形作業を行っている方は、この手順をクエリとして保存できるだけでも仕事の効率がぐっと上がるはずです。

01 不要な列と移動したい列を確認する

　システムから出力されたデータには、不要な列が含まれていることや、列の順序がその後の集計やデータ活用に適さないことが多くあります。そのため、Power Queryエディターで最もよく使われるのが、列の削除と移動です。まず[備考]列を削除し、その後、[販売日]列を[取引コード]の右に移動する操作も行ってみましょう。

[販売日]列を[取引コード]列の右側に移動する

[備考]列を削除する

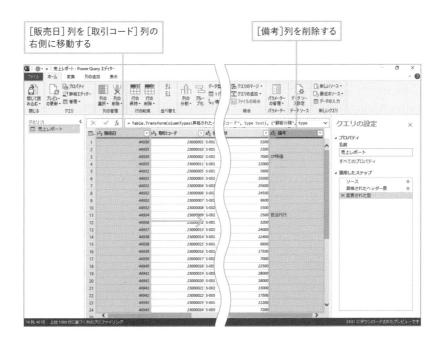

02 不要な列を削除しよう

　ここではリボンのボタンを使う操作を紹介していますが、列名を右クリックすることでも[削除]を選べます。また、[列の削除]ボタンの[他の列の削除]を使い、選択された列以外をすべて削除することも可能です。

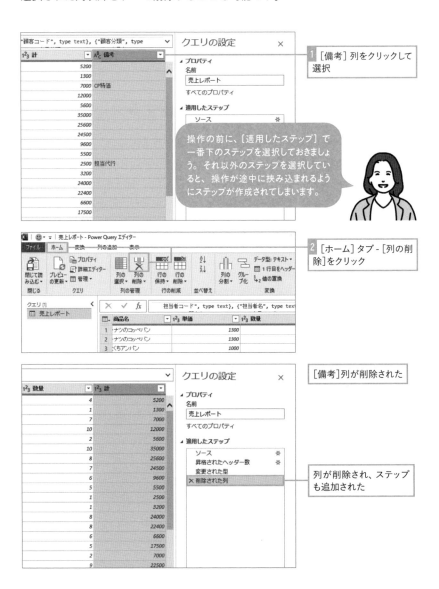

1 [備考]列をクリックして選択

操作の前に、[適用したステップ]で一番下のステップを選択しておきましょう。それ以外のステップを選択していると、操作が途中に挟み込まれるようにステップが作成されてしまいます。

2 [ホーム]タブ - [列の削除]をクリック

[備考]列が削除された

列が削除され、ステップも追加された

03 ドラッグするだけ! 列の順序を入れ替える

列名部分をドラッグすることで、任意の場所に列を移動できます。列と列の間に表示される緑色の線に注目してマウスから指を離しましょう。**事前に選択することで、複数の列を一緒に移動することもできます。**

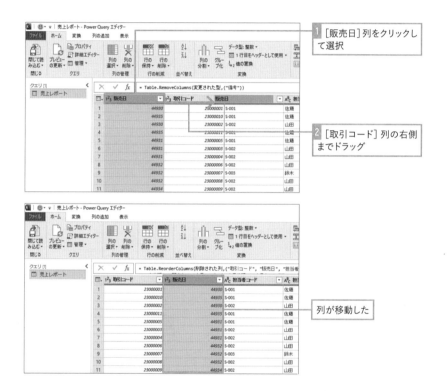

1 [販売日]列をクリックして選択

2 [取引コード]列の右側までドラッグ

列が移動した

💡 複数列を選択するときはここに注意!

Excelのシート上では列番号をドラッグして列範囲を選択しますが、Power Queryエディターではドラッグすると列が移動してしまいます。列を範囲選択する場合は、最初の列をクリックして選択後、[Shift]キーを押しながら範囲の端の列をクリックしましょう。離れた列を選択するときは、[Ctrl]キーを押しながら列をクリックします。

04 間違った操作を取り消すには

Power Queryエディターでは［元に戻す］ボタンがなく、Ctrl + Z キーを押しても操作が取り消せません。操作を間違えた際はステップを削除します。直近の操作である一番下のステップから削除していくのが一般的ですが、途中のステップを削除することもできます。その場合、それ以降の操作に不具合が発生しエラーとなることもありますので注意が必要です。

ここでは誤って削除した列の操作を、
ステップを削除することで取り消す

1 ［削除された列1］の［×］をクリック

操作が削除された　　　　　　　　　　［販売日］列が元に戻った

シリアル値を日付表示に変えよう

Power Queryエディターに読み込まれた日付の値が、シリアル値と呼ばれる数値になっていることがよくあります。シリアル値とは何か、日付のデータとして表示させるにはどうしたら良いかを確認しましょう。

01 日付や時刻の「シリアル値」を知ろう

　Excelでは日付や時刻のデータを「シリアル値」で管理することで日付や時刻も計算できるようになっています。**日付のシリアル値とは、1900年の1月1日を「1」とし、1月2日を「2」、1月3日を「3」というように、1日ごとに1ずつ数を増やす値**のことを指します。例えば、1900年1月1日に7を足すと1900年1月8日と表示されます。これは、1900年1月1日のシリアル値「1」に「7」を足した値「8」が表す日付が1900年1月8日であるからです。1日が1ということは、24時間が1ということでもあります。つまり、1時間は1/24となり、0.0416666…と表すことができます。この考え方に則り、時刻は小数点以下の数値を使って表します。例えば、6時は0.25、12時は0.5です。1900年1月1日午前6時のシリアル値は、1.25となります。

■日付のシリアル値

■時刻のシリアル値

02 パワークエリで扱う「データ型」を知ろう

「データ型」とは、それぞれの列の値がどんな種類のデータであるのかを明示的に指定するものです。例えば「1」という値は「1+1」のような計算に使う数値として扱われることもあれば、連番などのように計算には用いず、文字として扱った方が適切な場合もあります。データ型は列全体に対して設定されます。一部の行のみ異なるデータ型を指定することはできません。**適切なデータ型が指定されていない場合、計算ができないことや、求める表示にならずエラーが発生することがあるので注意**が必要です。

■主なデータ型

データ型	アイコン	説明
テキスト	A^B_C	データを文字列として扱う型。数値が入力されていても、テキスト型を指定すると文字として扱われるため、計算に使えなくなる。
10進数	1.2	一般的な数値を扱う際に使用する型。小数点以下の値を持つことができる。しかし小数点以下の値を100%の精度で表すことができないため、大量のデータを集計した場合、誤差が発生する可能性がある。
通貨	\$	小数点以下4桁の値を持つ数値を扱う型。Excelの通貨表示形式とは違い、¥マークなどを表示するためのものではない。
整数	1^2_3	小数点以下の値を持たない数値のための型。最大19桁まで扱うことができる。大量の数値データを扱う場合にも処理速度が速く、データも軽くなるため、小数点以下の数値がない場合には整数型を選択すると良い。
日付		日付を表す型。「YYYY/MM/DD」の形式になり、元の値に時刻部分のデータがあっても、切り捨てられる。
時刻		時刻を表す型。元の値に日付部分のデータがあっても、切り捨てられる。
日付／時刻		日付と時刻を同時に表す型。
任意	ABC 123	データ取得直後などに見られる型で、特定の型を指定していない状態を表す。

パワークエリを使っていて思うような結果にならない場合、データ型が適切に設定されていないことが原因だった、ということがよくあります。データ取得時に型を確認する癖を付けましょう。

03 販売日列のデータ型を変更してみよう

　CSV にはシリアル値を日付形式で表示する機能がありません。そのため Power Query エディターにプレビューされたデータもシリアル値のまま表示されています。これを日付のデータとして扱えるようにするために、データ型を「日付」に変更します。手順では[データ型の変更]ボタンを使う方法をご紹介していますが、**列名の左にあるデータ型のアイコンをクリックしても変更可能**です。

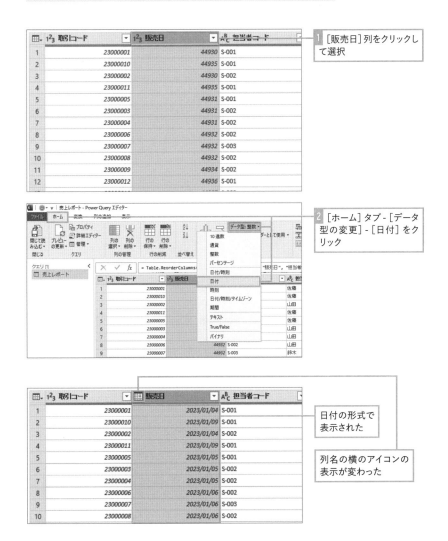

1 [販売日]列をクリックして選択

2 [ホーム] タブ - [データ型の変更] - [日付] をクリック

日付の形式で表示された

列名の横のアイコンの表示が変わった

整形されたデータをシートに読み込んでみよう

いよいよクエリ作成も最終段階です。取得した元データを整形した結果がシートに読み込まれます。これまでの操作が正しく反映されているか、また読み込まれたデータはどのような形で表示されているか、確認していきましょう。

01 [閉じて読み込む] で結果を確認しよう

[閉じて読み込む] ボタンをクリックすると、Power Query エディターが閉じられ、開いていたブックの新しいシートに、編集してきたデータがテーブルとして読み込まれます。これまで操作した列の削除やデータ型の変更が反映され、自分が求めている形式の表になっていることを確認しましょう。シート名、テーブル名はともに、クエリの名前を参照して自動的に設定されています。また、[**クエリと接続**] 作業ウィンドウが表示され、**このブックに保存されているクエリを確認できる**ようになります。

1 [ホーム]タブ - [閉じて読み込む]
をクリック

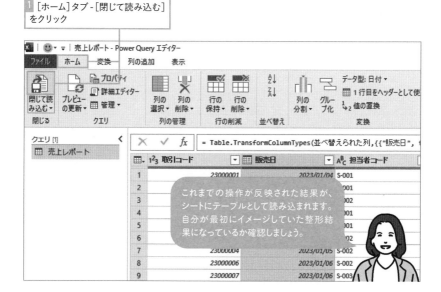

これまでの操作が反映された結果が、シートにテーブルとして読み込まれます。自分が最初にイメージしていた整形結果になっているか確認しましょう。

[売上レポート]というシートが追加されてExcelにテーブルとしてデータが読み込まれた

テーブル名には[テーブル_売上レポート]と表示される

[売上レポート]クエリが表示されている

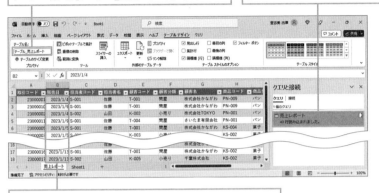

[備考]列がなく、[販売日]のデータが日付の表示形式で表示される

クエリにマウスポインターを合わせるとクエリの詳細が表示される

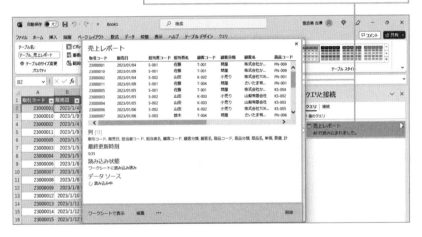

ここもポイント!

[クエリと接続]作業ウィンドウが表示されない場合は

[クエリと接続]作業ウィンドウが表示されない場合には、[データ]タブ - [クエリと接続]グループ - [クエリと接続]ボタンで表示と非表示を切り替えることができます。

39

さらに上達！

ピボットテーブルやグラフとして読み込む

　クエリの結果はテーブルの形式で読み込むことが多いですが、ピボット
テーブルやピボットグラフとして読み込むことや、既存のシートに読み込
むことも可能です。読み込む前であればPower Queryエディターの［閉じ
て読み込む］ボタンから、今回のようにすでに一度Excelシートに読み込
んでいるクエリの場合には、以下の手順で行えます。この場合、読み込み
先が変わり以前に読み込まれたテーブルは削除されるため、［データ損失
の可能性］ダイアログボックスによる警告が表示されます。

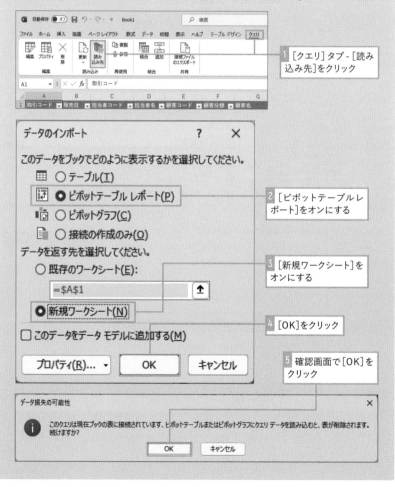

さらに上達！

読み込んだクエリを再度修正したいときは？

　クエリを読み込んでから操作の誤りに気づいたときなどは、Power Queryエディターを開いて再編集することができます。[クエリ]タブを使う方法と、[クエリと接続]作業ウィンドウを使う方法があります。よく使う操作なのでどちらも覚えておきましょう。

■[クエリ]タブから行う方法

1 [クエリ]タブ-[編集]をクリック

■[クエリと接続]作業ウィンドウから行う方法

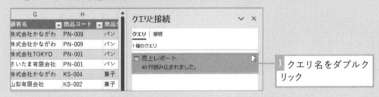

1 クエリ名をダブルクリック

Power Queryエディターが起動した

クエリ作成の最終ステップ、ブックを保存しよう

作成したクエリを繰り返し使えるようにするために、ブックを保存しておきます。クエリが保存されたブックはどう扱われるか、マクロ入りブックとの違いなども確認してみましょう。

01 | 分かりやすい名前を付けて保存しよう

　作成したクエリは、まだこの段階では保存されていません。**ブックを保存せずに閉じてしまうと、せっかくここまで編集してきたクエリがなくなってしまうの**で注意してください。クエリはブックの中に保存されますので、クエリを作成したブックは分かりやすい名前を付けて保存しておきましょう。データソースとの接続は絶対パスを使って行われますので、**クエリ入りのブックは保存後に場所を移動したとしても、クエリの動作に影響はありません。**

① [ファイル] タブをクリック

データの取得元となるファイルの場所や名前を変えるとエラーが発生するなどクエリの動作に影響しますが、クエリを保存したブックは場所や名前を変えてもクエリの動作に問題は起きません。

② [名前を付けて保存] - [参照] をクリック

3 Cドライブに保存した
[501676] の保存先を表
示

4 [第1章] フォルダーを
ダブルクリック

5 「売上レポート作成クエ
リ」と入力し [保存] をク
リック

他の人が見ても分かる名前にしよう

クエリ入りブックはマクロ入りブックとは異なり、通常のブックと全く
同じ形式で保存されます。またクエリ実行の結果が表示されたシートも、
一見通常のテーブルと変わらないため、作成者以外が開いた場合そのブッ
クにクエリがあることに気づかず、テーブルを直接編集しようとするかも
しれません。クエリ入りブックを社内で共有する場合には、クエリ格納用
フォルダーを作成する、あるいはファイル名の先頭や末尾に「Q」を付ける
など、何らかのルールを定めて管理すると良いでしょう。

ボタン一つで元データの変更を反映させる

いよいよパワークエリの便利さを実感する段階です。元データが日々更新されている場面を想定して、作成したクエリを実行してみましょう。これまで毎回整形していた作業がボタン一つで済んでしまうことが分かります。

01 2月分の売上データを元のCSVに追加する

　2月分のデータまで書き込まれた状態を作るため、「売上レポート.csv」に「追加データ.csv」のデータを追加し、上書き保存をします。クエリ更新後の変化を確認するため、追加データにも[備考]列の値があることや、日付がシリアル値になっていることを合わせて確認しておきましょう。

売上レポート.csv

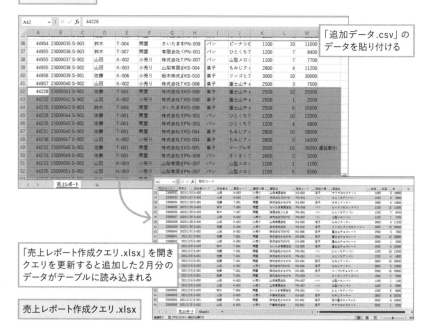

「追加データ.csv」のデータを貼り付ける

「売上レポート作成クエリ.xlsx」を開きクエリを更新すると追加した2月分のデータがテーブルに読み込まれる

売上レポート作成クエリ.xlsx

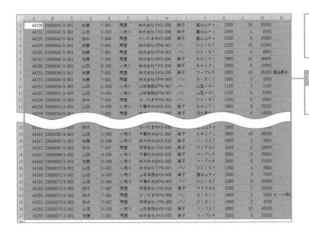

「売上レポート.csv」「追加データ.csv」をExcelで開いておく

1 「追加データ.csv」の1〜37行目を選択し Ctrl + C キーを押す

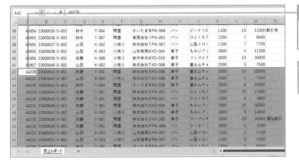

2 「売上レポート.csv」のセルA42をクリックして Ctrl + V キーを押す

コピーしたデータが貼り付けられた

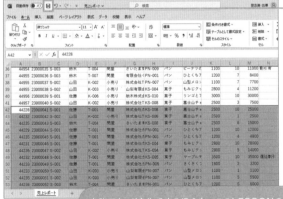

3 ［上書き保存］をクリック

「売上レポート.csv」「追加データ.csv」を閉じておく

実務でクエリを作成する場合も、このLESSONのように元データを編集してクエリ更新の結果を確認するのが一般的です。編集後は［上書き保存］を忘れないようにしましょう。

02 ［更新］をクリックして結果を確認しよう

　クエリの［更新］ボタンをクリックすると、クエリに保存された手順が再実行されます。2月分のデータがテーブルに読み込まれたのを確認しましょう。これでいつでも［更新］ボタンをクリックするだけで最新の販売データを整形して読み込むことができます。**［更新］ボタンのある［クエリ］タブは、テーブル内にアクティブセルがないと表示されません**ので注意しましょう。

　また、「売上レポート.csv」を開くと、元データは加工前のままであることを確認できます。クエリの動作は元データには影響を与えないので、稼働中のシステムのデータベースなどを直接元データとして指定しても問題ありません。

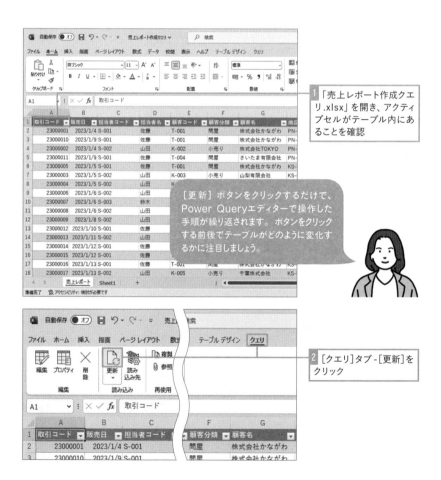

1 「売上レポート作成クエリ.xlsx」を開き、アクティブセルがテーブル内にあることを確認

［更新］ボタンをクリックするだけで、Power Queryエディターで操作した手順が繰り返されます。ボタンをクリックする前後でテーブルがどのように変化するかに注目しましょう。

2 ［クエリ］タブ-［更新］をクリック

A1		:	✕ ✓ fx				

	A	B	C	D	E	F	G
1	取引コード ▼	販売日 ▼	担当者コード ▼	担当者名 ▼	顧客コード ▼	顧客分類 ▼	顧客名
2	23000001	2023/1/4	S-001	佐藤	T-001	問屋	株式会社かなが
3	23000010	2023/1/9	S-001	佐藤	T-001	問屋	株式会社かなが
4	23000002	2023/1/4	S-002	山田	K-002	小売り	株式会社TOKY
5	23000011	2023/1/9	S-001	佐藤	T-004	問屋	さいたま有限会
6	23000005	2023/1/5	S-001	佐藤	T-001	問屋	株式会社かなが
7	23000003	2023/1/5	S-002	山田	K-003	小売り	山梨有限会社
	23000004	2023/1/5	S-002		K-003		山梨有限
35		2023/1/28		佐藤		問屋	がな
36	23000035	2023/1/28	S-003	鈴木	T-004	問屋	さいたま有限会
37	23000036	2023/1/29	S-003	鈴木	T-007	問屋	有限会社ぐんま
38	23000037	2023/1/29	S-002	山田	K-002	小売り	株式会社TOKY
39	23000038	2023/1/29	S-002	山田	K-003	小売り	山梨有限会社
40	23000039	2023/1/30	S-001	佐藤	K-006	小売り	栃木株式会社
41	23000040	2023/1/31	S-002	山田	K-002	小売り	株式会社TOKY
42	23000041	2021/2/1	S-001	佐藤	T-001	問屋	株式会社かなが
43	23000042	2021/2/5	S-002	山田	K-002	小売り	株式会社TOKY
44	23000043	2021/2/8	S-003	鈴木	T-004	問屋	さいたま有限会
45	23000044	2021/2/2	S-001	佐藤	T-001	問屋	株式会社かなが
46	23000045	2021/2/8	S-001	佐藤	T-001	問屋	株式会社かなが
47	23000046	2021/2/4	S-001	佐藤	T-001	問屋	株式会社かなが
48	23000047	2021/2/9	S-002	山田	K-002	小売り	株式会社TOKY
49	23000048	2021/2/5	S-001	佐藤	T-001	問屋	株式会社かなが
50	23000049	2021/2/6	S-001	佐藤	T-001	問屋	株式会社かなが

< > 　売上レポート　　Sheet1　　+

2月分のデータも[備考]列がなく、日付もシリアル値で
表示されることなく読み込まれている

	取引コード	販売日 ▼	担当者コード ▼	担...	顧客分類 ▼	顧客名	商品コード ▼	商
38	23000037	2023/1/29	S-002	山	小売り	株式会社TOKYO	PN-007	東
39	23000038	2023/1/29	S-002	山	小売り	山梨有限会社	KS-004	東
40	23000039	2023/1/30	S-001	佐	小売り	栃木株式会社	KS-010	東
41	23000040	2023/1/31	S-002	山田	小売り	株式会社TOKYO	KS-008	東
42	23000041	2021/2/1	S-001	佐	問屋	株式会社かながわ	KS-008	東
43	23000042	2021/2/5	S-002	山	小売り	株式会社TOKYO	KS-008	東
44	23000043	2021/2/8	S-003	鈴	問屋	さいたま有限会社	KS-008	東
45	23000044	2021/2/2	S-001	佐	問屋	株式会社かながわ	PN-001	ノ
46	23000045	2021/2/8	S-001	佐	問屋	株式会社かながわ	PN-001	ノ
47	23000046	2021/2/4	S-001	佐	問屋	株式会社かながわ	KS-004	東
48	23000047	2021/2/9	S-002	山	小売り	株式会社TOKYO	KS-004	東
49	23000048	2021/2/5	S-001	佐	問屋	株式会社かながわ	KS-005	東

「セキュリティの警告」が表示されたら？

クエリを保存したファイルを開くと、「セキュリティの警告」が表示される場合があります。これは、別ファイルである元データにセキュリティ上問題のあるデータが書き込まれていると、その問題も含めて取得してしまう可能性があるためです。元データが信頼できるものか確認しながら利用しましょう。

[コンテンツの有効化]をクリックする

顧客コード	顧客分類	顧客名	商品コード	商品分類	商品名
38	K-002	小売り	株式会社TOKYO	PN-007	パン	山型メロンパン
39	K-003	小売り	山梨有限会社	KS-004	菓子	もみじクッキー
40	K-006	小売り	栃木株式会社	KS-010	菓子	リンゴとアンズのクッキー
41	K-002	小売り	株式会社TOKYO	KS-008	菓子	富士山チョコレート
42	T-001	問屋	株式会社かながわ	KS-008	菓子	富士山チョコレート
43	K-002	小売り	株式会社TOKYO	KS-008	菓子	富士山チョコレート
44	T-004	問屋	さいたま有限会社	KS-008	菓子	富士山チョコレート
45	T-001	問屋	株式会社かながわ	PN-001	パン	ひとくちアンパン
46	T-001	問屋	株式会社かながわ	PN-001	パン	ひとくちアンパン
47	T-001	問屋	株式会社かながわ	KS-004	菓子	もみじクッキー
48	K-002	小売り	株式会社TOKYO	KS-004	菓子	もみじクッキー

シート上でシリアル値を日付の形式に変更するには

セルの表示形式を変えることで、シリアル値を「1月1日」や「1/1」など日付の形式にできます。逆に、「1月1日」と表示されているセルの表示形式を「標準」に戻すとシリアル値が表示されます。セルの表示形式は Ctrl + 1 キーを押すと表示される、[セルの書式設定]ダイアログボックスで詳細に設定できます。[表示形式]タブの[分類]を[標準]にする、あるいは[日付]から[種類]を選ぶことで変更しましょう。

第 2 章

こんなに簡単！
表の形を自在に変える

Excelを使っていると、「2つの表を1つにしたい」「クロス集計された表をリスト形式にしたい」など、表の形を変えたくなる場面があります。コピー＆ペーストを何度も繰り返すと時間も手間も掛かりますが、パワークエリを使えば一瞬で表を整形できます。

「クエリのマージ」の機能と特徴を知ろう

このLESSONでは、複数の表を横方向に結合できる［クエリのマージ］の利用場面や概要を学びます。表を結合させる際のポイントとなる「照合列」や、「左」「右」といった表の呼び方、「結合の種類」について理解しておきましょう。

01 「クエリのマージ」とは？

複数の表を横につなげるのが「**クエリのマージ**」**機能**です。「クエリのマージ」を実行すると、それぞれの表で指定する「照合列」の値を照合し、一致するかしないかを基準に複数の表を結合して新たな表を作成します。次のLESSONから扱う例のように、**別の表の中から指定した条件に当てはまる値を参照する**VLOOKUP関数のような使い方が理解しやすく、最もよく使われます。ただし、VLOOKUP関数と大きく異なるのは、一度の操作で複数列を結合できることです。また全部で6種類の結合方法があり、それぞれ結合の結果が大きく異なります。

品名	産地	売数
りんご	青森	100
みかん	愛媛	120
もも	福島	55
かき	長野	30
いちご	静岡	160
なし	神奈川	80

照合例

品名	産地	価格
りんご	青森	200
みかん	愛媛	300
もも	福島	500
かき	長野	200
いちご	静岡	400
なし	神奈川	200

品名	産地	売数	価格
りんご	青森	100	200
みかん	愛媛	120	300
もも	福島	55	500
かき	長野	30	200
いちご	静岡	160	400
なし	神奈川	80	200

02 結合方法の「左」「右」とは?

［クエリのマージ］を実行すると、［マージ］ダイアログボックスが表示され、そこで結合するクエリや照合列、結合の種類を選びます。**［結合の種類］の選択肢にある「左」「右」という表現にとまどいますが、便宜的に、元になる表を「左」、追加される表を「右」と呼んでいると考えてください。**また［結合の種類］の選択肢の説明にある**「最初の行」「2番目の行」は、それぞれ「最初の（元になる）表の行」「2番目に追加される表の行」**と読み替えると分かりやすいです。下図の2つの表を例に、6種類の結合方法を確認しましょう。

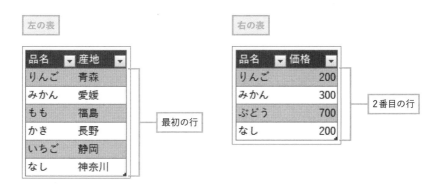

左の表

品名	産地
りんご	青森
みかん	愛媛
もも	福島
かき	長野
いちご	静岡
なし	神奈川

最初の行

右の表

品名	価格
りんご	200
みかん	300
ぶどう	700
なし	200

2番目の行

■左外部

　左の表の行は照合列の値が一致するしないに関わらず、すべて残します。右の表の行は照合列の値が一致したものだけが残ります。右の表にない行は、追加された列の値は空白となります。VLOOKUP関数のように使え、他の表の値を参照する際に便利です。最もよく使用されますので、まずは左外部を覚えましょう。

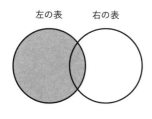

左の表　　右の表

品名	産地	価格
りんご	青森	200
みかん	愛媛	300
もも	福島	
かき	長野	
いちご	静岡	
なし	神奈川	200

基本編　第2章　こんなに簡単！　表の形を自在に変える

■右外部

　左の表の行は照合列の値が一致したものだけが残ります。右の表の行はすべての行が、一致するしないに関わらず残ります。この例の場合「なし」の下に「ぶどう」という品名は補われず空白になります。クエリのマージでは列を追加するだけなので、元の照合列内の値を補うことはありません。

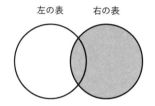

品名 ▼	産地 ▼	価格 ▼
りんご	青森	200
みかん	愛媛	300
なし	神奈川	200
		700

■完全外部

　どちらの表の行も、照合列の値が一致するしないに関わらずすべて残ります。1つの表を元に複数のユーザーがそれぞれでデータを追加したファイルを作成してしまい、1つの表にまとめ直したい、といった場合に便利です。ただし元の照合列内の値は補われませんので、結合後にひと手間掛ける必要があります。54ページ「さらに上達！」で紹介します。

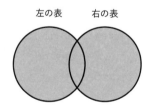

品名 ▼	産地 ▼	価格 ▼
りんご	青森	200
みかん	愛媛	300
もも	福島	
かき	長野	
いちご	静岡	
なし	神奈川	200
		700

クエリのマージの種類を最初から覚えるのは難しいです。2つの表を左右どちらで使うかによっても結果が大きく異なります。求める結果になるものがどれか考えながら、トライ&エラーを繰り返して体得してください。

■内部

　どちらの表も照合列の値が「一致したもの」のみ、行が残ります。不足しているデータのある行は削除して、データの揃った行のみで表を構成したい場合に便利です。

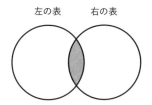

品名 ▼	産地 ▼	価格 ▼
りんご	青森	200
みかん	愛媛	300
なし	神奈川	200

■左反・右反

　左反、右反はともに「一致しない行」を残す結合です。左反の場合、左の表にあって右の表にない行を残しますので、結合された列は空白になります。右反の場合、右の表にあって左の表にない行を残しますので、左の表の列は空白になります。本来であれば一致するべき2つの表に齟齬がないかを確認するときに使うと便利です。

◆左反

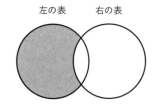

品名 ▼	産地 ▼	価格 ▼
もも	福島	
かき	長野	
いちご	静岡	

◆右反

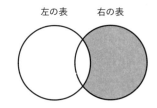

品名 ▼	産地 ▼	価格 ▼
		700

両方の表の列を残して結合するには

[完全外部]で読み込んだ表の、[品名]列最終行に「ぶどう」という値を補う操作は[クエリのマージ]だけでは実現できません。「クエリの追加」で2つの表を縦に結合してから不要な重複行を削除することで、新たに左の表になる表を作成します。その上で右の表をマージすれば、左右のデータをすべて生かした形の表を作成することができます。「クエリの追加」についてはLESSON46、重複行の削除についてはLESSON33で説明しています。

◆左の表

品名	産地
りんご	青森
みかん	愛媛
もも	福島
かき	長野
いちご	静岡
なし	神奈川

◆右の表

品名	価格
りんご	200
みかん	300
ぶどう	700
なし	200

「完全外部」だけでは「ぶどう」という値が補われず空欄になる

	A	B	C
1	品名	産地	価格
2	りんご	青森	200
3	みかん	愛媛	300
4	もも	福島	
5	かき	長野	
6	いちご	静岡	
7	なし	神奈川	200
8			700
9			

「クエリの追加」と「重複行の削除」を組み合わせるとよい

	A	B
1	品名	価格
2	りんご	200
3	みかん	300
4	もも	
5	かき	
6	いちご	
7	なし	200
8	ぶどう	700
9		

参照させたい表は「接続専用クエリ」として取得する

[クエリのマージ]で表を結合する場合、それらの表は「クエリ」である必要があります。これまではデータをシートに読み込んできましたが、このLESSONの[商品マスタ]のように、参照用のみに使う場合には「接続専用クエリ」にすることができます。

練習用ファイル クエリのマージ.xlsx

01 棚卸用の表に別表から価格を参照しよう

このLESSONで使用する練習用ファイル「クエリのマージ.xlsx」には2つのシートがあります。[商品棚卸リスト]シートは、各商品が置かれている棚ごとにいくつの在庫があるかがリスト化されており、各商品は[商品コード]を持っていますが、価格を表す列がありません。一方で[商品マスタ]シートは[単価]列があり、[商品コード]列は一意の値となっています。そこで[商品コード]列を照合して2つの表を結合し、単価を参照します。

◆[商品棚卸リスト]シート

	A	B	C	D	E
1	棚番号	商品コード	商品分類	商品名	在庫数
2	A-01-1	PN-001	パン	ひとくちアンパン	25
3	A-01-1	KS-002	菓子	流れ星のキャラメル	32
4	A-01-2	KS-002	菓子	流れ星のキャラメル	100
5	A-01-2	KS-003	菓子	サクラのビスケット	18
6	A-01-3	KS-004	菓子	もみじクッキー	30
7	A-02-1	KS-005	菓子	マーブルチョコケーキ	15
8	A-02-2	PN-006	パン	さくさくフランスパン	50
9	B-01-1	KS-004	菓子	もみじクッキー	50
10	B-01-1	PN-007	パン	山型メロンパン	48
11	B-01-3	KS-008	菓子	富士山チョコレート	40
12	B-02-1	PN-009	パン	ピーナツのコッペパン	25
13	B-03-1	KS-010	菓子	リンゴとアンズのクッキー	35

◆[商品マスタ]シート

	A	B	C	D
1	商品コード	商品分類	商品名	単価
2	PN-001	パン	ひとくちアンパン	1200
3	KS-002	菓子	流れ星のキャラメル	3500
4	KS-003	菓子	サクラのビスケット	3200
5	KS-004	菓子	もみじクッキー	2800
6	KS-005	菓子	マーブルチョコケーキ	3500
7	PN-006	パン	さくさくフランスパン	1600
8	PN-007	パン	山型メロンパン	1100
9	KS-008	菓子	富士山チョコレート	2500
10	PN-009	パン	ピーナツのコッペパン	1300
11	KS-010	菓子	リンゴとアンズのクッキー	3000

	A	B	C	D	E	F
1	棚番号	商品コード	商品分類	商品名	単価	在庫数
2	A-01-1	PN-001	パン	ひとくちアンパン	1200	25
3	A-01-1	KS-002	菓子	流れ星のキャラメル	3500	32
4	A-01-2	KS-002	菓子	流れ星のキャラメル	3500	100
5	A-01-2	KS-003	菓子	サクラのビスケット	3200	18
6	A-01-3	KS-004	菓子	もみじクッキー	2800	30
7	B-01-1	KS-004	菓子	もみじクッキー	2800	50
8	A-02-1	KS-005	菓子	マーブルチョコケーキ	3500	15
9	A-02-2	PN-006	パン	さくさくフランスパン	1600	50
10	B-01-1	PN-007	パン	山型メロンパン	1100	48
11	B-01-3	KS-008	菓子	富士山チョコレート	2500	40
12	B-02-1	PN-009	パン	ピーナツのコッペパン	1300	25
13	B-03-1	KS-010	菓子	リンゴとアンズのクッキー	3000	35

2つの表のデータを結合して商品棚卸リストに各商品の[単価]を表示する

また、結合する2つの表も事前に確認しておきましょう。前のLESSONで結合の種類を説明した例では、左の表の照合列の値は重複するものがありませんでしたが、この**[商品棚卸リスト]シートのように照合列である[商品コード]に重複するデータがあってもクエリを結合することは可能です。一方で、右の表の照合列に重複データがあると、行が増えて欲しい結果とは異なる表になることがあります。**右の表となる[商品マスタ]の[商品コード]列には重複データがないことを確認しておきましょう。69ページで詳しく説明していますので合わせてご確認ください。

◆[商品棚卸リスト]シート　　　同じ商品コードのデータが複数ある

	A	B	C	D	E	F
1	棚番号	商品コード	商品分類	商品名	在庫数	
2	A-01-1	PN-001	パン	ひとくちアンパン	25	
3	A-01-1	KS-002	菓子	流れ星のキャラメル	32	
4	A-01-2	KS-002	菓子	流れ星のキャラメル	100	
5	A-01-2	KS-003	菓子	サクラのビスケット	18	
6	A-01-3	KS-004	菓子	もみじクッキー	30	
7	A-02-1	KS-005	菓子	マーブルチョコケーキ	15	
8	A-02-2	PN-006	パン	さくさくフランスパン	50	
9	B-01-1	KS-004	菓子	もみじクッキー	50	
10	B-01-1	PN-007	パン	山型メロンパン	48	
11	B-01-3	KS-008	菓子	富士山チョコレート	40	
12	B-02-1	PN-009	パン	ピーナツのコッペパン	25	
13	B-03-1	KS-010	菓子	リンゴとアンズのクッキー	35	

◆[商品マスタ]シート　　　[商品コード]列に重複する値はない

	A	B	C	D	E	F
1	商品コード	商品分類	商品名	単価		
2	PN-001	パン	ひとくちアンパン	1200		
3	KS-002	菓子	流れ星のキャラメル	3500		
4	KS-003	菓子	サクラのビスケット	3200		
5	KS-004	菓子	もみじクッキー	2800		
6	KS-005	菓子				
7	PN-006	パン				
8	PN-007	パン				
9	KS-008	菓子				
10	PN-009	パン				
11	KS-010	菓子				
12						

右の表の照合列に重複があるものを結合する活用場面もありますが、このLESSONのような使い方の場合には、マスタとなるデータ側に重複がないことは重要なポイントです。データ数が多いときはExcelやパワークエリの機能を使って事前にしっかり確認しましょう。

02 シート内の表を取得してクエリを作成する

　第1章では別のファイルを元データとして新しいブックにクエリを作成しましたが、元データのあるブックにクエリを作成することもできます。この LESSON では「クエリのマージ.xlsx」にクエリを作成します。[テーブルまたは範囲から]ボタンを使うと、アクティブセルのある表の範囲を自動的に取得できます。事前に範囲選択をする必要がありませんので大きな表を扱う場合にも便利です。ただし**表の途中に空行や空列がある場合など、正しく読み込まれないこともあります**ので、正しい範囲が選択されているかを[テーブルの作成]ダイアログボックスで確認しましょう。

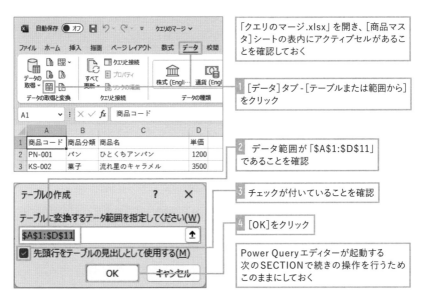

「クエリのマージ.xlsx」を開き、[商品マスタ]シートの表内にアクティブセルがあることを確認しておく

1 [データ]タブ-[テーブルまたは範囲から]をクリック

2 データ範囲が「$A$1:$D$11」であることを確認

3 チェックが付いていることを確認

4 [OK]をクリック

Power Query エディターが起動する
次の SECTION で続きの操作を行うためこのままにしておく

ここもポイント！

[先頭行をテーブルの見出しとして使用する]って？

　取得するデータ範囲の1行目の値を、テーブルや Power Query エディターのプレビュー画面で「列名」としたい場合にチェックを入れます。[商品マスタ]シートのように、1行目と2行目以降のデータの形式が異なる場合は、自動的にチェックが付いた状態になることが多いです。チェックが外れていると1行目も2行目以降と同様に1行のデータとして扱われ、列名には「列1」「列2」といった仮の列名が付与されます。

03 データを読み込まずにクエリを閉じる

　クエリが作成されると同時にシート上の表の範囲がテーブルに変換され、テーブル名が自動的に「テーブル1」に設定されました。Power Query エディターのクエリの [名前] 欄にも「テーブル1」という元データの名前が自動的に入力されます。今回は**[商品マスタ]シートの表を取得するだけのクエリを作成したいので「読み込む」というステップを行わず、[データのインポート] ダイアログボックスで [接続の作成のみ] を選択**します。ブック上にクエリのデータが読み込まれないのでクエリが作成されたのか不安になるかもしれませんが、[クエリと接続] 作業ウィンドウにクエリ名「テーブル1」が表示されることで確認できます。

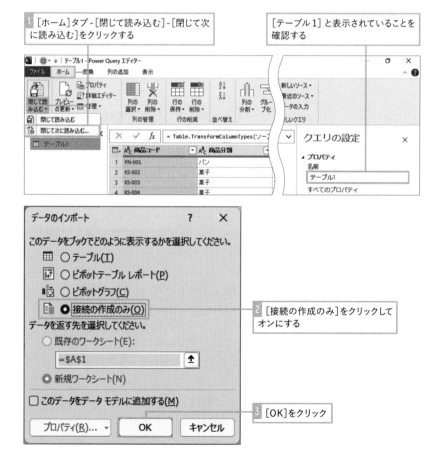

58

テーブル名が［テーブル1］になる

［テーブル1　接続専用。］と
表示されることを確認

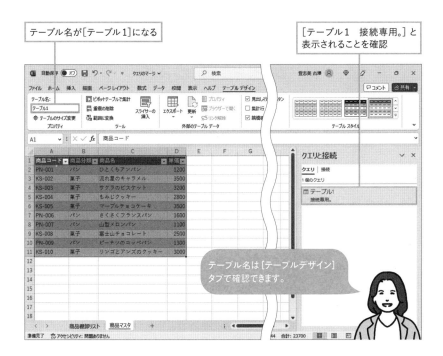

テーブル名は［テーブルデザイン］
タブで確認できます。

「接続専用」クエリって？

　［クエリと接続］作業ウィンドウのクエリ名の下に「接続専用。」と表示されている場合、そのクエリにはシート上にデータを読み込む動作が含まれていません。自分が欲しい表を作成するために複数の元となる表をそれぞれ整形してから結合する必要がある場合、それぞれの表の整形結果をシートに読み込む必要はありません。そんなときに使えるのが接続専用クエリです。接続専用クエリは、［クエリのマージ］や［クエリの追加］など表を結合するとき、他のクエリで参照するためのクエリとしてよく使われます。クエリの追加と参照については第6章で詳しく扱います。このLESSONで扱ったようにデータを取得しただけのクエリもありますが、整形操作を含んだクエリを「接続専用。」とすることもできます。クエリ内のデータを確認したいときは、クエリ名にマウスポインターを合わせポップアップ表示されるヒント画面でプレビューできます。

［商品コード］列を基準に、2つの表を結合しよう

このLESSONでは、新たにクエリを作成し、同じブック内に作成済みのクエリと結合するクエリを作成します。結合の際に基準となる表の指定の仕方、照合する列の指定の仕方など、操作のポイントがありますので、1つずつ理解しながら進めてください。

練習用ファイル　クエリのマージ.xlsx

01　［クエリのマージ］で2つの表を結び付ける

　［商品棚卸リスト］シートの表を取得し、LESSON10で作成した［テーブル1］クエリを結合します。［クエリのマージ］を実行しても、すぐに追加された列に求める値が入るわけではありません。結合直後のプレビューでは、追加された列として結合したクエリ名が表示され2つの表が結び付けられたことが確認できます。ただしセルには値として［Table］が表示されており、1つ目の表のどの列を展開するべきか、指定する必要があります。

[テーブル2]クエリの表の右端に[テーブル1]という項目の列が追加される

セルの値に[Table]と表示されるため🔁をクリックして列を展開する必要がある

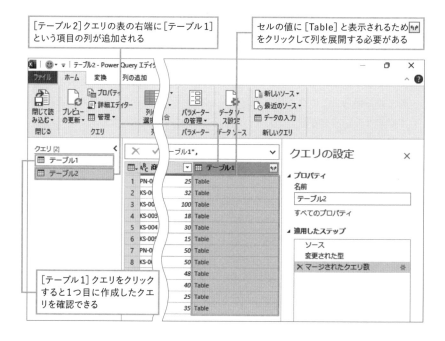

[テーブル1]クエリをクリックすると1つ目に作成したクエリを確認できる

02 シートの表を取得し2つ目のクエリを作成する

　前のLESSONと同じように、[商品棚卸リスト]シートの表を取得すると、ブックの中に2つ目のクエリが作成されます。[クエリのマージ]は、自分がどのクエリを扱っているかが重要ですので、「テーブル2」と名前が付いたことを[クエリの設定]作業ウィンドウで確認しましょう。またクエリは分かりやすい名前を付けて管理することもできます。詳細はLESSON42で紹介しています。

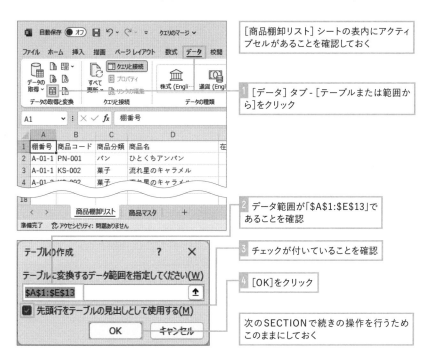

[商品棚卸リスト]シートの表内にアクティブセルがあることを確認しておく

1 [データ]タブ-[テーブルまたは範囲から]をクリック

2 データ範囲が「$A$1:$E$13」であることを確認

3 チェックが付いていることを確認

4 [OK]をクリック

次のSECTIONで続きの操作を行うためこのままにしておく

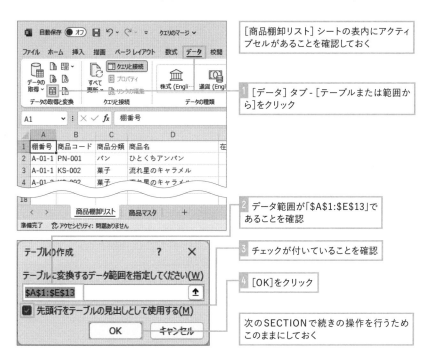

ここもポイント

自動で付与されるテーブル名やクエリ名は異なることもある

　練習用ファイルを使って操作を繰り返していると、テーブル名の番号部分が本書と異なる場合があります。これは一度範囲をテーブルとして指定すると、[元に戻す]などで元の状態に戻しても、テーブル名が一度使われたものとして扱われるためです。テーブル名やクエリ名が異なってしまった場合には、読み替えて操作してください。

03 結合の基準となる列を指定して2つの表を1つにする

[クエリのマージ]をクリックすると表示される[マージ]ダイアログボックスで
は、3つの操作を行います。1つ目は、上下の領域を使って2つの表の関係性を
決めることです。現在クエリとして編集中の表が自動的に上に入りますが、上に
ある表がLESSON09のSECTION02で説明した「左の表」に当たります。下にはブッ
ク内のクエリを選択することで「右の表」を指定します。**上に左、下に右の表が
入ることがポイント**です。2つ目に、それぞれの表内で基準となる照合列を選択
します。こちらも重要なポイントですが、操作自体は該当の列をクリックして選
択するだけなので、うっかり誤った列を選んだまま進んでしまわないようにしま
しょう。そして3つ目に、結合の種類を選びます。今回は左の表の照合列はすべ
て残しながら、右の表から一致するものを結合したいので、[左外部]を選択します。

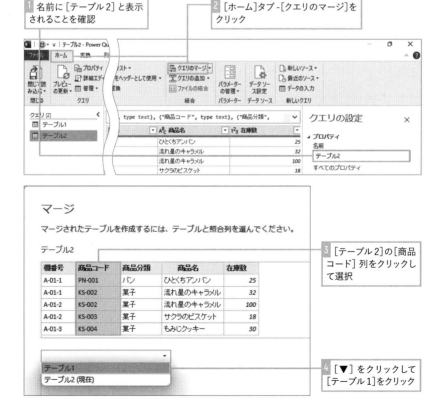

1 名前に[テーブル2]と表示
されることを確認

2 [ホーム]タブ-[クエリのマージ]を
クリック

3 [テーブル2]の[商品
コード]列をクリックし
て選択

4 [▼]をクリックして
[テーブル1]をクリック

マージ

マージされたテーブルを作成するには、テーブルと照合列を選んでください。

テーブル2

棚番号	商品コード	商品分類	商品名	在庫数
A-01-1	PN-001	パン	ひとくちアンパン	25
A-01-1	KS-002	菓子	流れ星のキャラメル	32
A-01-2	KS-002	菓子	流れ星のキャラメル	100
A-01-2	KS-003	菓子	サクラのビスケット	18
A-01-3	KS-004	菓子	もみじクッキー	30

テーブル1 　　　　　　　　　▼

商品コード	商品分類	商品名	単価
PN-001	パン	ひとくちアンパン	1200
KS-002	菓子	流れ星のキャラメル	3500
KS-003	菓子	サクラのビスケット	3200
KS-004	菓子	もみじクッキー	2800
KS-005	菓子	マーブルチョコケーキ	3500

⑤ [テーブル1]の[商品コード]列をクリックして選択

結合の種類

左外部 (最初の行すべて、および 2 番目の行のうち… ▼

☐ あいまい一致を使用してマージを実行する

▷ あいまい一致オプション

⑥ [結合の種類]が[左外部]になっていることを確認

✔ 選択範囲では、最初のテーブルと 12 行中 12 行が一致しています。　　OK

⑦ [OK]をクリック

[テーブル1]列が追加された

次のLESSONで続きの操作を行うためこのままにしておく

照合列の列名は同じでなくてもOKだが……

　照合列の列名は一致していなくても問題ありません。あくまで値で判断します。ただし、それぞれのデータ型が異なると照合ができませんので注意しましょう。商品コードが数値のみで構成されていると、それぞれの表にテキスト型と整数型とが設定されていてマージができないことはよくありますので、LESSON21を参考にデータ型の一致を確認しておきましょう。

商品ごとの単価を
表示させよう

結合した表の中から表示したい列を展開する方法を学びます。列を展開することで右の表の列の値を表示することができ、2つの表を1つにする操作が完了します。[単価]列を表示して整形ができたら、データをシートに読み込んでクエリを完成させましょう。

練習用ファイル クエリのマージ.xlsx

01 必要な列を表示してクエリを完成させよう

　追加された列に[Table]として読み込まれている表を展開し、[単価]列を「商品棚卸リスト」に表示させます。必要な形に整形できたら、読み込んでクエリ[テーブル2]を完成させましょう。クエリ[テーブル2]は、[商品棚卸リスト]を取得し、[テーブル1]クエリと結合して、新たなテーブルを読み込むクエリです。これで毎回の棚卸後、[更新]ボタン1つで単価が入力された表を作成できます。

「テーブル1」のデータを参照して
[単価]を含んだ表を作成する

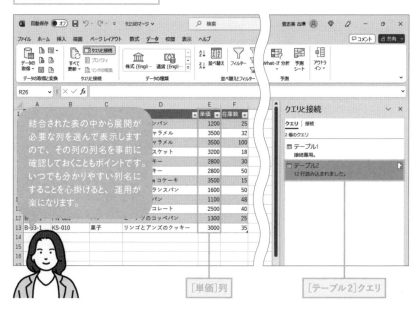

[単価]列　　　　　　[テーブル2]クエリ

64

列を展開して参照表の中の値を表示する

　今回は［単価］列のみにチェックを付けて一列だけを展開しますが、**複数にチェックを付けることで複数列を展開することも可能**です。VLOOKUP関数を使う場合、複数の列に値を参照したければ、それぞれの列にVLOOKUP関数を作成する必要がありますが、**［クエリのマージ］では一度の操作で大量の列を表示することもできます**ので作業効率アップに役立ちます。操作自体は難しくないのですが、表の結合に慣れないうちは次に何をすれば良いか迷う人も多いので、しっかり覚えましょう。

1 ［テーブル1］の展開ボタンをクリック

2 ［単価］のみにチェックを付ける

3 ［元の列名をプレフィックスとして使用します］のチェックを外す

4 ［OK］をクリック

商品の単価が表示された

れたクエリ数, "テーブル1", {"単価"}, {"単価"})				
A⁸C 商品名	1²₃ 在庫数		1²₃ 単価	
ひとくちアンパン		25		1200
流れ星のキャラメル		32		3500
流れ星のキャラメル		100		3500
サクラのビスケット		18		3200
もみじクッキー		30		2800
もみじクッキー		50		2800
マーブルチョコケーキ		15		3500
さくさくフランスパン		50		1600
山型メロンパン		48		1100
富士山チョコレート		40		2500
ピーナツのコッペパン		25		1300
リンゴとアンズのクッキー		35		3000

クエリの設定 ✕

▲ プロパティ
名前
テーブル2

すべてのプロパティ

▲ 適用したステップ
ソース
変更された型
マージされたクエリ数 ✿
✕ 展開された テーブル1 ✿

列名にクエリ名を表示しないようする

　列を展開する操作画面にある［元の列名をプレフィックスとして使用します］のチェックボックスにチェックを付けると、展開された列名の前にテーブル名が「プレフィックス」として追加されます。プレフィックスとは、「接頭辞」とも呼ばれ、既存の文字列や数値の前に付加される文字列のことを指します。後ろに追加されるものは「サフィックス」と呼ばれます。結合される2つの表に同じ名前の列があり、その列を展開する場合、結合後の表でどちらの列が右の表の列であったかを確認するためには、プレフィックスがあった方が分かりやすいです。

［元の列名をプレフィックスとして使用します］にチェックを付けると、元のクエリ名が列名の前に表示される

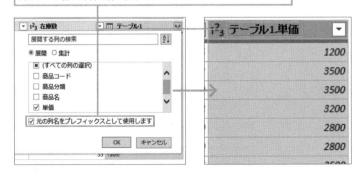

03 整形したデータをシートに読み込む

　結合された列であっても、他の列と同様に移動することができます。[単価] 列は [商品名] 列の隣にある方が自然ですので移動しましょう。これで在庫額を求める準備ができました。列を使った計算はLESSON36で解説しています。また、シートに読み込んだ [テーブル2] を確認すると、2つの行ができていた商品にも、それぞれ単価が正しく表示されていることを確認できます。[クエリと接続]作業ウィンドウでは [テーブル1] [テーブル2] と表示され、このブックに2つのクエリが保存されていることが分かります。「クエリのマージ」をしても、2つのクエリが1つになるのではなく、表が結合されることを理解しておきましょう。

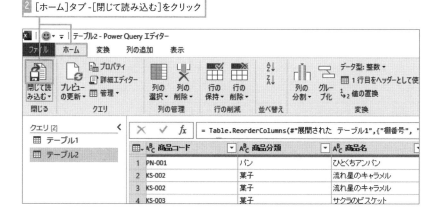

1 [単価]列をドラッグして、[商品名]列と[在庫数列]の間に移動

2 [ホーム]タブ -[閉じて読み込む]をクリック

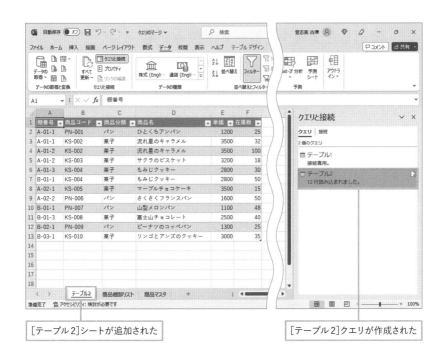

[テーブル2]シートが追加された

[テーブル2]クエリが作成された

テーブルに商品の単価の列がある

「単価×在庫数」の計算を行うことで在庫額が求められるようになる

クエリのマージの中でも、[左外部]を使って別表の値を参照する操作はよく使います。普段VLOOKUP関数で処理している仕事があればパワークエリでの操作を試してみましょう。業務で利用しているデータで練習するのが上達の近道です。

さらに上達！

右の表に重複行がないか注意しよう

　参照される「右の表」に重複行がある場合、元の表の行が増えてしまい、意図とは異なる結果になることがあります。この例では、[販売リスト]シートの売上件数は4件であったのに、[商品マスタ_誤]シートに重複行があるため、「KS-004」の行が2行になってしまい正しい販売額を求められません。データの取得前に[条件付き書式]機能などで重複がないかチェックしておきましょう。またLESSON47では、この左の表の1つの行に右の表の複数の行を結合させる機能の活用場面を紹介しています。

■［販売リスト］シート（左の表）

	A	B	C	D	E
1	商品コード	商品分類	商品名	販売数	
2	PN-001	パン	ひとくちアンパン	25	
3	KS-002	菓子	流れ星のキャラメル	32	
4	KS-003	菓子	サクラのビスケット	18	
5	KS-004	菓子	もみじクッキー	30	

■［商品マスタ_誤］シート（右の表）

	A	B	C	D	E
1	商品コード	商品分類	商品名	単価	
2	PN-001	パン	ひとくちアンパン	1200	
3	KS-002	菓子	流れ星のキャラメル	3500	
4	KS-003	菓子	サクラのビスケット	3200	
5	KS-004	菓子	もみじクッキー	2800	
6	KS-004	菓子	紅葉クッキー	2800	

商品名の表記が異なっており、同じ商品が2つ入力されている

■2つの表を結合した結果

	A	B	C	D	E	F
1	商品コード	商品分類	商品名	販売数	単価	
2	PN-001	パン	ひとくちアンパン	25	1200	
3	KS-002	菓子	流れ星のキャラメル	32	3500	
4	KS-003	菓子	サクラのビスケット	18	3200	
5	KS-004	菓子	もみじクッキー	30	2800	
6	KS-004	菓子	もみじクッキー	30	2800	

同じ商品が2つ入力された表になってしまう

さらに上達！

複数の列を基準にして結合することもできる

「複数の列を基準にして結合.xlsx」の［発注リスト］シートの表に［商品マスタ］シートの［商品コード］列と［価格］列を結合してみましょう。左の表となる「発注リスト」には、商品コードがありません。そのため各行の商品を特定するためには、［シリーズ名］［商品］2つの列の値が必要です。パワークエリでは複数の列を基準にして表を結合することもできます。複数の列を参照することで特定の行を指定できる場合には、左の表と右の表それぞれで該当する列を指定します。その際、選択の順序で相互に参照する列を決めますので、選択した列名の右に表示される数字を確認しながら操作をしましょう。

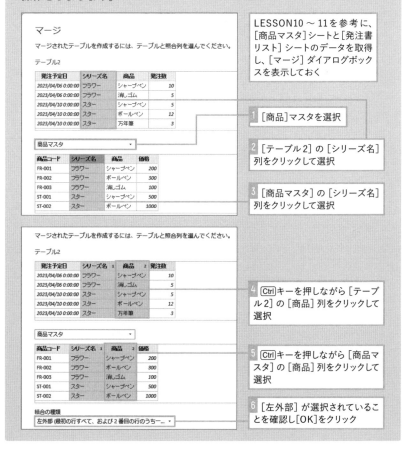

LESSON10〜11を参考に、［商品マスタ］シートと［発注書リスト］シートのデータを取得し、［マージ］ダイアログボックスを表示しておく

1 ［商品］マスタを選択

2 ［テーブル2］の［シリーズ名］列をクリックして選択

3 ［商品マスタ］の［シリーズ名］列をクリックして選択

4 Ctrl キーを押しながら［テーブル2］の［商品］列をクリックして選択

5 Ctrl キーを押しながら［商品マスタ］の［商品］列をクリックして選択

6 ［左外部］が選択されていることを確認し［OK］をクリック

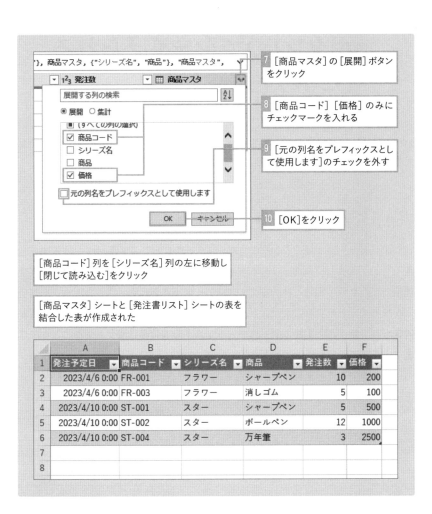

7 [商品マスタ]の[展開]ボタン
をクリック

8 [商品コード][価格]のみに
チェックマークを入れる

9 [元の列名をプレフィックスとし
て使用します]のチェックを外す

10 [OK]をクリック

[商品コード]列を[シリーズ名]列の左に移動し
[閉じて読み込む]をクリック

[商品マスタ]シートと[発注書リスト]シートの表を
結合した表が作成された

	A	B	C	D	E	F
1	発注予定日	商品コード	シリーズ名	商品	発注数	価格
2	2023/4/6 0:00	FR-001	フラワー	シャープペン	10	200
3	2023/4/6 0:00	FR-003	フラワー	消しゴム	5	100
4	2023/4/10 0:00	ST-001	スター	シャープペン	5	500
5	2023/4/10 0:00	ST-002	スター	ボールペン	12	1000
6	2023/4/10 0:00	ST-004	スター	万年筆	3	2500
7						
8						

ここもポイント!

💡 新しいクエリを作成しながらマージするには

　[クエリのマージ]ボタンには[新規としてクエリをマージ]もあります。
[クエリのマージ]ではすでにPower Queryエディターに開かれている表
を左の表として別のクエリをマージしますが、[新規としてクエリをマージ]
では左の表も新たに選択することができます。これにより新たなクエリを
作成しながら表を結合することができますので、元のクエリをそのままの
状態で残しておきたい場合に便利です。

ボタン1つで形を変えられる「ピボット解除」

パワークエリには表の形式を整えるために多くの機能が搭載されていますが、「ピボット解除」はその中でも最も大きく表の形を変えるものです。ピボット解除を理解するために、元の表や解除後の表の特徴をまず確認しておきましょう。

01 「ピボット解除」って?

　ピボットテーブルは、Excelでリスト形式の表からクロス集計表を作成する機能ですが、「ピボット解除」はその逆で、**クロス集計された表をリスト形式に戻す機能**です。クロス集計とは、縦軸・横軸がそれぞれ交わるところでデータを集計した表です。このクロス集計表を、「ピボット解除」を使うことで、**各列に項目が設定され、行ごとに1件のデータが入るリスト形式の表に変化させることができます**。手作業で行おうとすると非常に面倒ですが、パワークエリなら簡単な操作で行えるのでとても便利な機能です。

クロス集計

課目	よくわかった	普通	わからなかった
Word 基礎	5	3	2
Word 応用	3	3	4
Excel 基礎	7	3	0
Excel 応用	6	3	1
PowerPoint 基礎	8	1	1
PowerPoint 応用	6	4	0

ピボット解除

リスト形式

課目	回答	人数
Word 基礎	よくわかった	5
Word 基礎	普通	3
Word 基礎	わからなかった	2
Word 応用	よくわかった	3
Word 応用	普通	3
Word 応用	わからなかった	4
Excel 基礎	よくわかった	7
Excel 基礎	普通	3
Excel 基礎	わからなかった	0
Excel 応用	よくわかった	6
Excel 応用	普通	3
Excel 応用	わからなかった	1
PowerPoint 基礎	よくわかった	8
PowerPoint 基礎	普通	1
PowerPoint 基礎	わからなかった	1
PowerPoint 応用	よくわかった	6
PowerPoint 応用	普通	4
PowerPoint 応用	わからなかった	0

リスト形式なら集計や分析がしやすい

クロス集計された表は、すでに2つの軸で集計が行われていますが、Excelでデータの集計や分析をするときには、さらに多くの項目軸をデータに持たせて、様々な切り口から集計や分析をしたくなることがあります。そんな場合、リスト形式の表に戻すことができれば、例えば集計軸以外の項目軸を追加して多面的な集計や分析のできる表にするなど、活用の幅が広がります。

売上月	佐藤	山田	鈴木
1月	313900	598100	1380600
2月	478700	379100	371800
3月	93200	695600	1095600
4月	484300	1054900	1230600
5月	290600	644800	849400
6月	392700	371400	337200

ピボット解除できれば[取引件数]や[稼働日数]列を追加して、稼働日あたりの平均売上額や、担当者ごとに月別の取引件数の合計を集計できる

売上月	名前	売上額	取引件数	稼働日数
1月	佐藤	313900	5	17
1月	山田	598100	8	15
1月	鈴木	1380600	15	22
2月	佐藤	478700	6	16
2月	山田	379100	4	18
2月	鈴木	371800	5	19
3月	佐藤	93200	2	7
3月	山田	695600	7	20
3月	鈴木	1095600	10	18
4月	佐藤	484300	6	21
4月	山田	1054900	15	22
4月	鈴木	1230600	11	21
5月	佐藤	290600	3	17
5月	山田	644800	2	18
5月	鈴木	849400	5	15
6月	佐藤	392700	4	15
6月	山田	371400	8	16
6月	鈴木	337200	6	17

LESSON 14

クロス集計された表を、リスト形式に変えてみよう

クロス集計された表を、[ピボット解除]を使って、リスト形式の表に変えてみましょう。その際にポイントとなる列の指定の仕方に注目してください。元の表に7月以降のデータが追加されても、ボタン1つでリスト形式に変化させるクエリを作成します。

練習用ファイル ピボット解除.xlsx

01 担当者名の列をピボット解除するクエリを作成しよう

このLESSONでは練習用ファイル「ピボット解除.xlsx」を使って、表内のクロス集計の縦軸となった[佐藤][山田][鈴木]列を[ピボット解除]し、リスト形式の表に変えます。合わせて不要な列の削除や、列名の変更、自動的に日付型に変わってしまった[売上]列の表示を戻すといった操作を行い、集計表として利用しやすい表に整形してから新規のシートに読み込んでいきましょう。

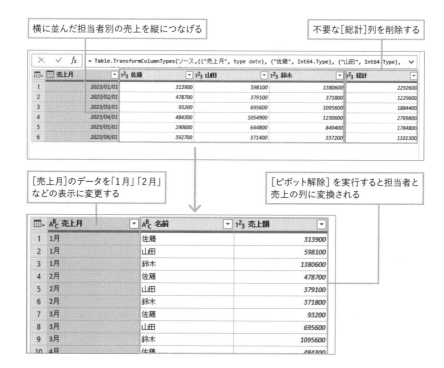

横に並んだ担当者別の売上を縦につなげる

不要な[総計]列を削除する

[売上月]のデータを「1月」「2月」などの表示に変更する

[ピボット解除]を実行すると担当者と売上の列に変換される

02 取得したクロス集計表から不要な列を削除する

　クロス集計された表には、右端列や下端行に総計を求めた集計列や行が追加されていることが多いものです。それらの不要な列や行はピボットを解除する前に削除しておきましょう。パワークエリでは大量のデータを扱うことができますが、不要なデータはできるだけ先に削除してから編集操作を行うことで、動作が遅くなることを防ぐ効果があります。

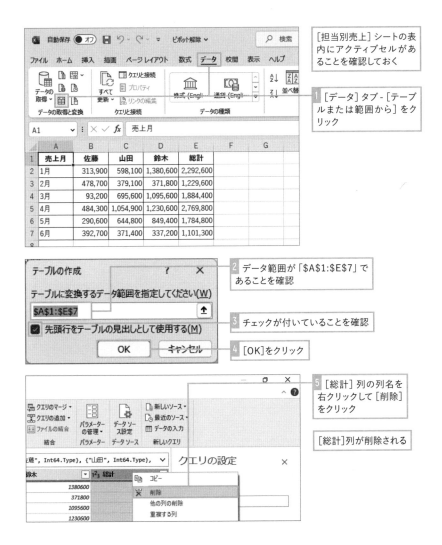

[担当別売上] シートの表内にアクティブセルがあることを確認しておく

1 [データ] タブ - [テーブルまたは範囲から] をクリック

2 データ範囲が「$A$1:$E$7」であることを確認

3 チェックが付いていることを確認

4 [OK] をクリック

5 [総計] 列の列名を右クリックして [削除] をクリック

[総計] 列が削除される

03 ピボット解除のポイント「列の指定」

「ピボット解除」する際は、解除する列を指定する必要があります。慣れないうちはどの列を指定するべきなのかが分からないかもしれませんが、「縦に並べたい列名がある列を指定する」とイメージすると分かりやすいです。今回は担当者名の入った列を指定します。**ピボット解除が行われると、[属性][値]列が作成されます**ので、[属性]列に指定した列の列名が縦に並んだことを確認し、分かりやすい列名に変更しましょう。

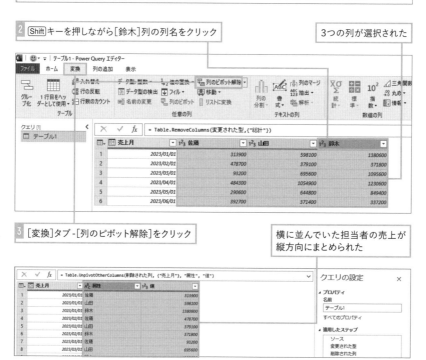

1 [佐藤]列の列名をクリック

▦ ▾	⊞ 売上月 ▾	1²₃ 佐藤 ▾	1²₃ 山田 ▾	1²₃ 鈴木 ▾
1	2023/01/01	313900	598100	1380600
2	2023/02/01	478700	379100	371800
3	2023/03/01	93200	695600	1095600
4	2023/04/01	484300	1054900	1230600
5	2023/05/01	290600	644800	849400
6	2023/06/01	392700	371400	337200

2 [Shift]キーを押しながら[鈴木]列の列名をクリック

3つの列が選択された

3 [変換]タブ-[列のピボット解除]をクリック

横に並んでいた担当者の売上が縦方向にまとめられた

	A^B_C 名前		1²₃ 売上額	
/01	佐藤		313900	
/01	山田		598100	
/01	鈴木		1380600	
/01	佐藤		478700	
/01	山田		379100	
/01	鈴木		371800	
/01	佐藤		93200	
/01	山田			
/01	鈴木			
/01	佐藤			

列名を「名前」と「売上額」
に変更しておく

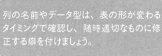

列の名前やデータ型は、表の形が変わる
タイミングで確認し、随時適切なものに修
正する癖を付けましょう。

さらに上達！

選択された列？ その他の列？ 列の選択の仕方

　[列のピボット解除]ボタンでは[列のピボット解除][その他の列のピボット解除][選択した列のみをピボット解除]の3種類を指定できます。これらの解除方法は、取得した表に将来的に列が増えることを想定して作られています。[列のピボット解除]は指定した列のピボットを解除します。担当者が増えて元の表に新たな列が追加された場合にも対応できます。[その他の列のピボット解除]は選択した列以外をすべてピボット解除しますので、[売上月]列を選択してこの方法で指定すれば、やはり担当者が増えても問題ありません。[選択した列のみピボット解除]は、読んで字のごとく「選択した列以外」はピボット解除されませんので、担当者が増えた場合には対応できません。

[▼]をクリックするとピボット解除の
メニューが表示される

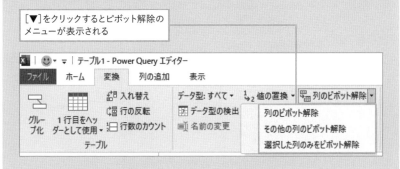

04 日付の表示を変更して整形したデータを読み込む

　パワークエリではデータを取得すると同時に、自動的に各列のデータ型が変更
されます。今回のデータでは、「1月」「2月」という値が日付型に変更されてしまい、
各月の1日が表示されてしまいました。これを元のように「1月」「2月」という表
記に戻すためには、[変換] タブ - [日付と時刻の列] グループ - [日付] ボタンを使
います。このボタンは基本的に日付型のデータ列のみに使えるボタンです。詳細
は LESSON25 で説明しています。また、[月の名前] を選択後は、列がテキスト
型になります。

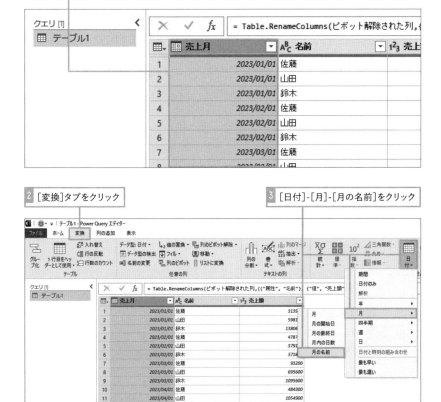

78

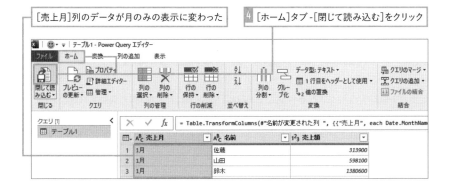

[売上月]列のデータが月のみの表示に変わった

4 [ホーム]タブ -[閉じて読み込む]をクリック

整形したデータがシートに読み込まれた

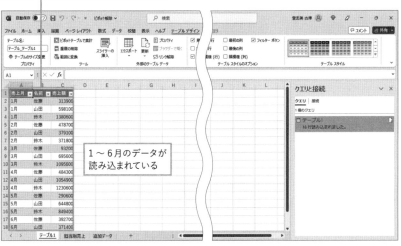

1～6月のデータが読み込まれている

ここもポイント！

💡 取得直後にデータ型を調整する

　このLESSONでは日付型になったデータを[月の名前]に変換する方法
を紹介しましたが、取得直後のステップで、元のデータの形に戻す方法も
あります。自動的にデータ型が変更された場合、[適用したステップ]には
「ソース」の次に「変更された型」のステップがありますが、この段階で[売
上月]列のデータ型を「テキスト」に変更します。[列タイプの変更]ダイア
ログボックスが表示されたら[現在のものを置換]を選ぶと、元の月名表
示の列に戻すことができます。

基本編　第2章　こんなに簡単！ 表の形を自在に変える

元の表にデータが
追加されても問題なし!

ピボット解除を含むクエリを作成しておけば、元の表に行方向・列方向いずれかにデータが追加された場合でも、ボタン1つでピボット解除を行えるようになります。この
LESSONでは、元データに新たな行が追加された場合のクエリの動作結果を確認します。

練習用ファイル ピボット解除.xlsx

01 クロス集計表の大きさが変わっても大丈夫!

クエリを更新すると、元データを再取得しますので、元データが変化している
場合には、読み込まれたシートにその結果が表示されます。今回元データとして
指定した[テーブル1]には、クエリ作成時には1〜6月のデータがあり、クエリ
作成後に読み込んだテーブルには18行のデータが読み込まれていました。7〜12
月のデータを追加すると読み込んだテーブルも変化します。

7 〜 12月の売上を[担当別売上]
シートの表に貼り付ける

クエリを更新すると、7 〜 12月の売上が
[テーブル1]シートの表に追加される

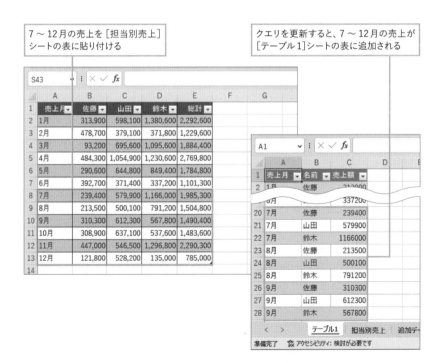

02 テーブルを更新してクエリを再実行する

　元データとなる［テーブル1］に7〜12月分の行を追加しましょう。テーブルに行や列を追加すると、テーブルの範囲が自動的に広がります。クエリで取得する元データが、絶対的な位置を表すセル範囲ではなく、テーブルであることのメリットがここにあります。万一、テーブルの範囲が適切でない場合には、テーブル範囲右下のハンドルをドラッグして正しい範囲を指定してください。クエリを更新すると、12月までのデータが読み込まれます。これでクロス集計された表をリスト形式にするという手間の掛かる操作を、簡単にできるようになりました。

1 ［追加データ］シートのセルA1〜E6を選択して Ctrl + C キーを押す

2 ［担当別売上］シートのセルA8をクリックして Ctrl + V キーを押す

コピーしたデータが貼り付けられ、テーブルの範囲が拡大した

3 [テーブル1] シートを表示し、[クエリ] タブ - [更新] をクリック

7 ～ 12月の売上が追加された

元の表にデータが追加されても [更新] ボタンをクリックするだけで、リスト形式の表を求められるようになりました。担当者の列を追加するなど、元データを自由に編集して結果を確認してみるとさらに学びが深まります。

ここもポイント!

💡 [クエリと接続] 作業ウィンドウでも更新できる

　クエリの「更新」操作は、[クエリと接続] 作業ウィンドウにあるクエリ名の右のアイコンからも実行できます。また、このクエリ名をダブルクリックすると Power Query エディターが開き、クエリを編集することができます。

[最新の情報に更新] をクリックしてもクエリが更新される

第 3 章

様々な形式の
データを取り込む

ビジネスシーンではPDFファイルやWebサイトなど、様々な手段で情報が提供されています。パワークエリでは多様な形式のデータを取得してクエリを作成しExcelに読み込むことができます。この章では元データの形式ごとの取得方法や活用場面を紹介します。

月別に作成された売上シートを1つの表にしよう

練習用ファイル L016_月別売上データ.xlsx/L016_月別売上データ（4月）.xlsx

01 複数シートに分かれた表を1つにする

　月ごとのデータを、1つのExcelブックの中で月別のシートに分けて管理することはよくあります。この場合、長期的な視点での集計や分析が必要になると、コピー＆ペーストなどを繰り返し1つにまとめなければなりません。しかしこのLESSONの方法を使えばそのような手間が省けます。ここではそれぞれのシートに分かれた1〜3月の売上データを1つの表にまとめます。クエリ作成後には、元のブックに4月のシートを追加してクエリを再実行することで、追加データも読み込まれるようになります。

◆L016_月別売上データ.xlsx

[1月] [2月] [3月] のシートに
各月の売上が入力されている

◆L016_月別売上データ（4月）.xlsx

[4月] シートに売上が
入力されている

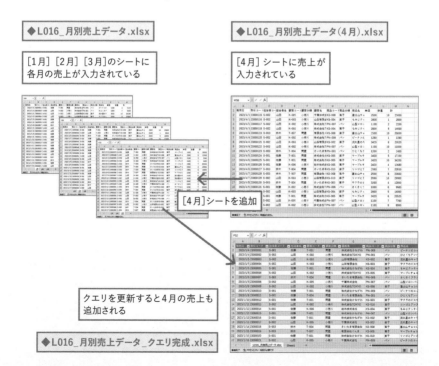

[4月]シートを追加

クエリを更新すると4月の売上も
追加される

◆L016_月別売上データ_クエリ完成.xlsx

02 ブック内のシートをすべて取得する

　ブックに含まれるシートをすべて取得するクエリを作成する場合、操作の**ポイントは[ナビゲーター]ダイアログボックスでブック名を選択しておくこと**です。これでブック全体を元データとして指定したことになり、後からシートが追加されても、クエリの更新で読み込めるようになります。シート名を選択したときと異なり、プレビューはされませんが心配せずに[データの変換]に進みましょう。

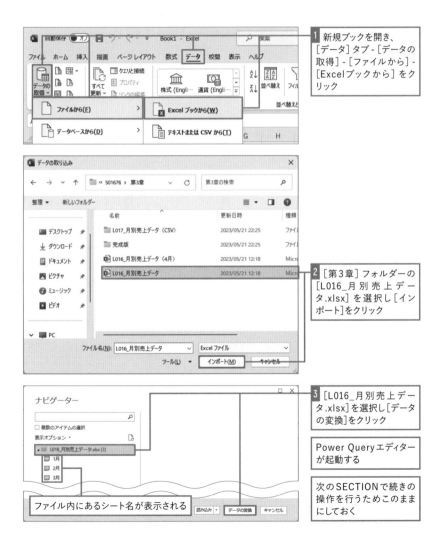

1 新規ブックを開き、[データ]タブ - [データの取得] - [ファイルから] - [Excelブックから]をクリック

2 [第3章]フォルダーの[L016_月別売上データ.xlsx]を選択し[インポート]をクリック

3 [L016_月別売上データ.xlsx]を選択し[データの変換]をクリック

Power Queryエディターが起動する

次のSECTIONで続きの操作を行うためこのままにしておく

ファイル内にあるシート名が表示される

03 [Data]列を展開してシートの結合を確認する

　起動したPower Queryエディターのプレビューには、ブック内のシートの情報がリスト化されています。それぞれのシートの表は[Data]列に「Table」として格納されている状態です。**[Data]列を展開することで、月別のシートにあった13列が[Data]列と置き換わります。**新たな列にはまだ列名がありませんので、[Column1]～[Column13]までの仮の列名が自動的に付与されます。行を確認すると1～3月までのデータが縦方向に結合され、1つの表になっていることが分かります。それ以外の列は不要ですので削除しておきます。

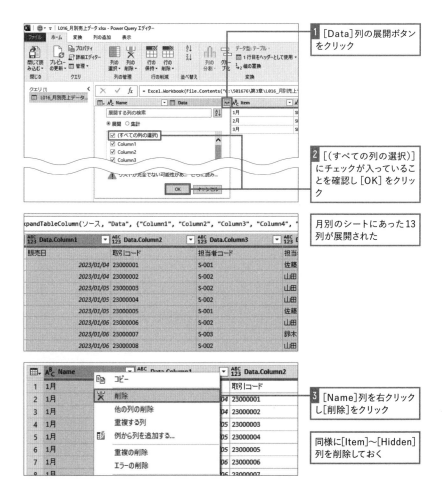

1 [Data]列の展開ボタンをクリック

2 [(すべての列の選択)]にチェックが入っていることを確認し[OK]をクリック

月別のシートにあった13列が展開された

3 [Name]列を右クリックし[削除]をクリック

同様に[Item]～[Hidden]列を削除しておく

ここもポイント!

列を削除するタイミング

　このLESSONでは、複数のシートがどのように1つの表を構成するかを理解していただくために、[Data] 列を展開してから不要な列を削除しましたが、実際は先に不要列を削除することが一般的です。パワークエリでは大量のデータを扱うことが多いため、不要なものはできるだけ早く削除し処理速度を向上させます。

---

04 │ 1行目の値を列名として使用する

　列を展開して作成されたデータでは列名は自動的に指定されません。このままでは分かりにくいので [1行目をヘッダーとして使用] を使って列名を変更しましょう。この機能は、データとして1行目に読み込まれた値をそれぞれの列名に変更するものです。[ヘッダーを1行目として使用] を使うと逆に、列名がそれぞれの1行目のデータの値として扱われるようになります。このLESSONでは、**2月以降の項目名は行として残ったままになります**が、処理の仕方はLESSON32で紹介します。

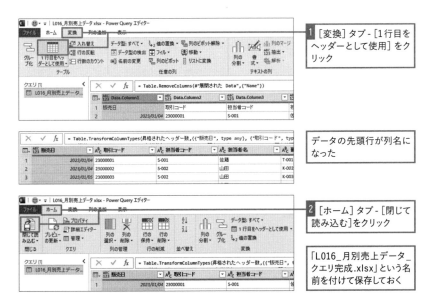

1 [変換] タブ - [1行目をヘッダーとして使用] をクリック

データの先頭行が列名になった

2 [ホーム] タブ - [閉じて読み込む]をクリック

「L016_月別売上データ_クエリ完成.xlsx」という名前を付けて保存しておく

05 次月のデータを追加し更新する

　元データとして指定したブックに、4月の売上データが入力されたシートを追加してクエリを更新し、4月分のデータが1～3月のデータの下に読み込まれたことを確認しましょう。**ブック全体が元データとして取得され、読み込まれたデータはシートの左から順に縦に並びます。** このため、シート順にも注意してブックを管理しましょう。また、アクティブセルがテーブル内にあっても[クエリ]タブが表示されない場合があります。そのときは、一度テーブル外のセルをアクティブにしてから再度テーブル内のセルを選択すると表示されます。

「L016_月別売上データ.xlsx」「L016_月別売上データ(4月).xlsx」を開いておく

1 [4月]シートを「L016_月別売上データ.xlsx」にドラッグ

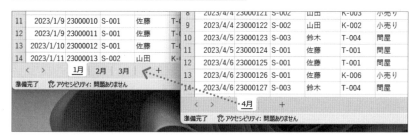

2 [4月]シートが追加された。　　　　　　　　　　[上書き保存]をクリックし閉じておく

3 「L016_月別売上データ_クエリ完成.xlsx」を表示し、[クエリ]タブ-[更新]をクリック　　　　4月の売上がテーブルに追加される

列の位置を基準に結合している

ブックを指定して表を結合する際は、列の絶対的な位置を基準としています。列の数や順序が同じでなければ正しい結果を得ることができないので注意しましょう。また、ブック全体を指定して取得するため、不要なシートが含まれているとそのシートも合わせて取り込んでしまいます。

各シートの列の数や順序が異なると、結合した際に列がずれるなど、正しく結合できない

商品名	単価	数量	計	1月_1
もみじクッキー	2800	6	16800	2023/1/1
ピーナツのコッペパン	1280	10	12800	2023/1/1
ひとくちアンパン	1200	7	8400	2023/1/1
山型メロンパン	1100	7	7700	2023/1/1
もみじクッキー	2800	4	11200	2023/1/1
リンゴとアンズのクッキー	2990	10	29900	2023/1/1
富士山チョコレート	2500	3	7500	2023/1/1
流れ星のキャラメル	3420	2	6840	2023/1/1
単価	数量	計		2023/2/1
	2500	10	25000	2023/2/1
	2500	1	2500	2023/2/1

進人のノウハウ

マスタデータも簡単に作れる

新規にシステムを導入する場合に、商品や顧客のマスタを作成する必要が生じますが、ヌケなく必要な情報を集めて一件ずつ手入力していくのは大変です。例えば商品マスタを作成するのであれば、これまでExcelで作成している見積書があれば、それらのシートを1つのブックにまとめてパワークエリで取得し、さらに第5章で紹介している [フィルター] で不要な行を削除した後、[重複の削除] を使ってそこから一意のデータを取り出すことで、比較的容易に商品マスタを作成できます。

このLESSONでは [販売日] 列のデータ型を変更していないため、A列には日付データがシリアル値として読み込まれています。気になる場合はLESSON05を参考にデータ型を [日付] に変えましょう。

毎月出力されるCSVファイルを
フォルダーごと取得する

練習用ファイル [L017_月別売上データ（CSV）] フォルダー/ L017_月別売上データ（4月）.csv

01 フォルダー内の売上データを1つの表にする

　業務で利用するシステムからのデータが月ごとに1つのCSVファイルとして出力されることもあります。パワークエリではフォルダーを指定することで、中にあるファイルのデータをまとめて1つの表にできます。このLESSONではCSVファイルとしてフォルダーに収められている1～3月それぞれの売上データをまとめるクエリを作成します。その後、フォルダーに4月のファイルを追加し、クエリを更新するだけでテーブルに4月のデータが追加されることを確認します。

◆[L017_月別売上データ(CSV)]フォルダー

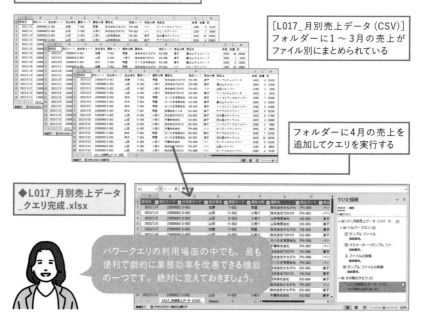

[L017_月別売上データ（CSV）]
フォルダーに1～3月の売上が
ファイル別にまとめられている

フォルダーに4月の売上を
追加してクエリを実行する

◆L017_月別売上データ
_クエリ完成.xlsx

パワークエリの利用場面の中でも、最も便利で劇的に業務効率を改善できる機能の一つです。絶対に覚えておきましょう。

02 フォルダー内のファイルから1つのテーブルを作成する

　フォルダーを指定してデータ取得する場合、該当フォルダー内のファイルの情報を確認できる［フォルダーのパス］ダイアログボックスが表示されます。この画面にはボタンが沢山ありますが、「表を結合すること」「Power Queryエディターを開いてデータを変換すること」の2つを実行したいので、［結合］ボタンの中にある［データの結合と変換］を選びます。データ取得に関わるウィンドウの中では「変換」を選ぶとPower Queryエディターを開くことができる、と覚えておくと良いでしょう。**［ファイルの結合］ダイアログボックスでは、［元のファイル］で文字コードや、［区切り記号］でデータの区切り方などを選択できます。下に表示されるプレビューを確認し、必要な場合には適切なものを選択**してください。Power Queryエディターが開いたら、各ファイルのデータが結合されていることを確認し、必要な編集を行ってデータを読み込んでおきます。

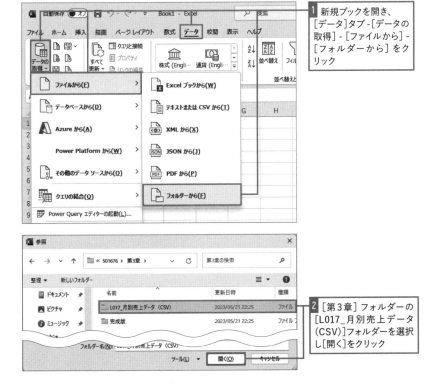

1 新規ブックを開き、［データ］タブ -［データの取得］-［ファイルから］-［フォルダーから］をクリック

2 ［第3章］フォルダーの［L017_月別売上データ（CSV）］フォルダーを選択し［開く］をクリック

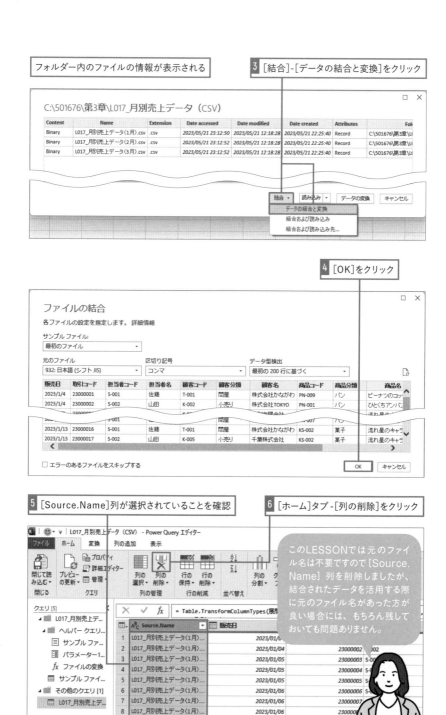

フォルダー内のファイルの情報が表示される

3 [結合]-[データの結合と変換]をクリック

C:\501676\第3章\L017_月別売上データ（CSV）

Content	Name	Extension	Date accessed	Date modified	Date created	Attributes	Fol
Binary	L017_月別売上データ(1月).csv	.csv	2023/05/21 23:12:50	2023/05/21 12:18:28	2023/05/21 22:25:40	Record	C:\501676\第3章\L0
Binary	L017_月別売上データ(2月).csv	.csv	2023/05/21 23:12:52	2023/05/21 12:18:28	2023/05/21 22:25:40	Record	C:\501676\第3章\L0
Binary	L017_月別売上データ(3月).csv	.csv	2023/05/21 23:12:52	2023/05/21 12:18:28	2023/05/21 22:25:40	Record	C:\501676\第3章\L0

結合 ▾ | 読み込み ▾ | データの変換 | キャンセル
　データの結合と変換
　結合および読み込み
　結合および読み込み先...

4 [OK]をクリック

ファイルの結合

各ファイルの設定を指定します。 詳細情報

サンプル ファイル:
最初のファイル ▾

元のファイル　　　　　　　　区切り記号　　　　　　　　データ型検出
932: 日本語 (シフト JIS) ▾ | コンマ ▾ | 最初の 200 行に基づく ▾

販売日	取引コード	担当者コード	担当者名	顧客コード	顧客分類	顧客名	商品コード	商品分類	商品名
2023/1/4	23000001	S-001	佐藤	T-001	問屋	株式会社かながわ	PN-009	パン	ピーナツのコッ
2023/1/4	23000002	S-002	山田	K-002	小売り	株式会社TOKYO	PN-001	パン	ひとくちアンパ
		S-001			問屋			パン	流れ星のキャ
2023/1/13	23000016	S-001	佐藤	T-001	問屋	株式会社かながわ	KS-002	菓子	流れ星のキャ
2023/1/13	23000017	S-005	山田	K-005	小売り	千葉株式会社	KS-002	菓子	流れ星のキャ

☐ エラーのあるファイルをスキップする　　　　　OK | キャンセル

5 [Source.Name]列が選択されていることを確認

6 [ホーム]タブ-[列の削除]をクリック

L017_月別売上データ（CSV） - Power Query エディター

ファイル　ホーム　変換　列の追加　表示

閉じて読み込む▾ | プレビューの更新▾ | 詳細エディター / 管理▾ | 列の選択▾ / 列の削除▾ | 行の保持▾ / 行の削除▾ | 列の分割▾ | グ

閉じる | クエリ | 列の管理 | 行の削減 | 並べ替え

fx = Table.TransformColumnTypes(展開

クエリ [5]

▲ L017_月別売上デ...
　▲ ヘルパー クエリ...
　　国 サンプル ファ...
　　国 パラメーター1...
　　fx ファイルの変換
　　国 サンプル ファイ...
▲ その他のクエリ [1]
　国 L017_月別売上デ...

	A^BC Source.Name	▾	販売日
1	L017_月別売上データ(1月)...		2023/01/0
2	L017_月別売上データ(1月)...		2023/01/04	23000002 |002
3	L017_月別売上データ(1月)...		2023/01/05	23000003 S-0
4	L017_月別売上データ(1月)...		2023/01/05	23000004 S-
5	L017_月別売上データ(1月)...		2023/01/05	23000005 S-
6	L017_月別売上データ(1月)...		2023/01/06	23000006 S-
7	L017_月別売上データ(1月)...		2023/01/06	2300007
8	L017_月別売上データ(1月)...		2023/01/06	230000

このLESSONでは元のファイル名は不要ですので [Source.Name] 列を削除しましたが、結合されたデータを活用する際に元のファイル名があった方が良い場合には、もちろん残しておいても問題ありません。

7 [閉じて読み込む]をクリック | 1～3月のデータが1つのテーブルにまとめられる

```
XI ☺ ▽ | L017_月別売上データ（CSV） - Power Query エディター
ファイル    ホーム    変換    列の追加    表示

[閉じて読    プレ   詳細エディター   列の   列の   行の   行の   列の   グルー   データ型: 日付 ▾   クエリのマージ ▾
み込む ▾]   ビュー   管理 ▾        選択 ▾ 削除 ▾ 保持 ▾ 削除 ▾  分割 ▾  プ化   1行目をヘッダーとして使用 ▾   クエリの追加 ▾
           の更新 ▾                                                      値の置換        ファイルの結合 ▾
閉じる       クエリ      列の管理       行の削除     並べ替え       変換              結合
```

「L017_月別売上データ_クエリ完成.xlsx」という名前を付けて保存しておく

「文字コード」って何？

　[ファイルの結合]ダイアログボックスでは、「文字コード」や「区切り記号」を選ぶことができます。文字をコンピューターや通信で信号として扱うために、ひとつひとつの文字には番号が割り振られていますが、この割り振り方をルール化したものが文字コードです。文字コードは言語によって異なり、日本語の場合にはUTF-8やShift-JISなど、複数の文字コードがあります。誤った文字コードが選択されていると「文字化け」が発生し、文字を正しく表記できなくなります。[ファイルの結合]ダイアログボックスではプレビューを確認できますので、元ファイルの文字コードが何であったかを知らなくても、正しく表記される文字コードを選ぶことができます。

「区切り記号」って何？

　CSVファイルは文字のみで構成されたテキストファイルなので、Excelブックのようにセルごとに値を格納する方法で1行のデータを区切ることができません。そのため一般的にカンマを「区切り記号」とすることで値を区切って保存しています。この区切り記号にはカンマ以外にも、タブやセミコロンなどの他の記号を使用することも可能です。区切り記号はCSVとして出力する際に指定されていますが、[ファイルの結合]ダイアログボックスで読み込む際は自動で判別されます。ただしデータの内容によりうまく判別できないこともありますので、その際はプレビューで確認しながら正しく区切られるものを選択してください。

03 新たなファイルをテーブルに追加する

　翌月以降に新たなCSVファイルが作成された場合の動作を確認するために、データ取得元として指定したフォルダーに翌月分のファイルを追加してみましょう。その後クエリの更新を実行するだけで、テーブルにデータが追加されることを確認できます。

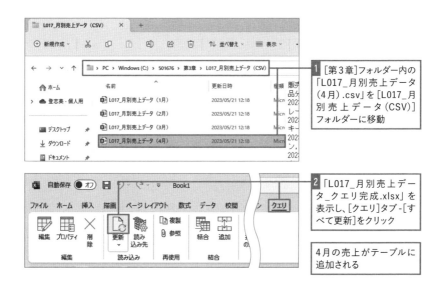

1 [第3章]フォルダー内の「L017_月別売上データ（4月）.csv」を[L017_月別売上データ（CSV）]フォルダーに移動

2 「L017_月別売上データ_クエリ完成.xlsx」を表示し、[クエリ]タブ-[すべて更新]をクリック

4月の売上がテーブルに追加される

［クエリと接続］作業ウィンドウにある［ヘルパークエリ］って？

　フォルダーを指定するなど、複数の元データを指定して1つの表を作る場合に自動的に作成されるのが「ヘルパークエリ」です。ヘルパークエリの中には「サンプルファイル」「パラメーター」などがありその中では、取得する複数の元データを、どのような基準で変換し結合していくかなどの情報をまとめて持っています。それらが組み合わさり1つのクエリとして動作することで複数ファイルを結合しているのです。上達するとその内容を後から編集できるようにもなりますが、まずは元データを複数指定したときは「ヘルパークエリ」というものが作成される、ということだけ覚えておきましょう。

ここもポイント！ 不要なファイルや形の違う表が入っていたら？

　フォルダーを指定してデータを取得する場合、該当フォルダーの中にあるファイルはすべて取得されるので、余計なファイルがあってはいけません。また、ブックを指定したときとは異なり、表の結合は項目名を基準に行われるので、同じデータの入る列は同じ項目名である必要があります。このときに基準とするのが、[ファイルの結合] ダイアログボックスで選択できる [サンプルファイル] です。デフォルトでは [最初のファイル] が指定されていますが、任意のものを選択可能です。[サンプルファイル] の列名と異なる列名の列の値は読み込まれません。[L017_形の異なる表（CSV）] フォルダーには列名や列数の異なる3つのCSVファイルが格納されています。このフォルダーを取得して結合するクエリを作成すると、「L017_月別売上データ（1月）.csv」が [サンプルファイル] であった場合、「L017_月別売上データ（2月）.csv」の [販売数] 列の値は無視され、結合後の表の [数量] 列には「null」が表示されます。また、[取引コード] 列もないので、2月のデータの部分は「null」となります。ただ、「L017_月別売上データ（2月）.csv」が [サンプルファイル] であった場合は結果が少し複雑になります。サンプルファイルの方が他のファイルよりも列数が少ない場合、他のファイルのデータも、サンプルファイルと同じ列数までしか取得されません。この例で言うと、「L017_月別売上データ（2月）.csv 」の列数は他のファイルより1列少ないため、「L017_月別売上データ（1月）.csv」と、「L017_月別売上データ（3月）.csv」の最終列である[計] 列の値は読み込まれず、結合後は「null」となります。元データを出力するシステムの改変等で、出力形式が変わる場合などには特に注意が必要です。

活用編　第3章　様々な形式のデータを取り込む

下の表に[取引コード]がない

列名が[数量] [販売数]とそれぞれ違う名前になっている

列数が異なる

	A	B	C	D	E	F	G	H	I	J	K	L	M
1	販売日	取引コード	担当者コー	担当者名	顧客コード	顧客分類	顧客名	商品コード	商品分類	商品名	単価	数量	計
2	2023/1/4	23000001	S-001	佐藤	T-001	問屋	株式会社T	PN-009	パン	ピーナッツ	1280	4	5120
3	2023/1/4	23000002	S-002	山田	K-002	小売り	株式会社T	PN-001	パン	ひとくちア	1200	7	8400
4	2023/1/5	23000003	S-002	山田	K-003	小売り	山梨有限会	KS-002	菓子	流れ星のキ	3420	10	34200
5	2023/1/5	23000004	S-002	山田	K-003	小売り	山梨有限会	KS-003	菓子	サクラのヒ	3200	8	25600

	A	B	C	D	E	F	G	H	I	J	K	L	M
1	販売日	担当者コー	担当者名	顧客コード	顧客分類	顧客名	商品コード	商品分類	商品名	単価	販売数	計	
2	2023/2/1	S-001	佐藤	T-001	問屋	株式会社K	KS-008	菓子	富士山チョ	2500	10	25000	
3	2023/2/5	S-002	山田	K-002	小売り	株式会社T	KS-008	菓子	富士山チョ	2500	1	2500	
4	2023/2/8	S-003	鈴木	T-004	問屋	さいたま市	KS-008	菓子	富士山チョ	2500	6	15000	
5	2023/2/2	S-001	佐藤	T-001	問屋	株式会社P	PN-001	パン	ひとくちア	1200	10	12000	

Accessのデータを
取得してみよう

練習用ファイル L018_顧客管理システム.accdb

01 Accessデータベースから取得できるデータは?

Accessを使ったデータベースがある場合、その中のデータを取得してクエリを作成することができます。**Accessファイルの中には「テーブル」「クエリ」「フォーム」「レポート」という4種類のオブジェクトがありますが、パワークエリでは「テーブル」「クエリ」を取得することができます。** 社内のシステム部門などが管理していて直接編集はできないAccessのデータを、他の部門でもExcelで活用したい、といった場合に大変便利です。このLESSONでは、「L018_顧客管理システム.accdb」の「T顧客マスタ」テーブルをExcelシートにテーブルとして読み込みます。なお、Excelシートでは、いわゆる「104万行の壁」と言われる行数の制限があり、1,048,576行以上のデータを扱うことができませんが、Accessにはその制限がありません。パワークエリも行数には制限なくデータを取得し編集することができますが、Excelシート上に「読み込み」ができるのは、1,048,576行までとなります。

◆**L018_顧客管理システム.accdb**

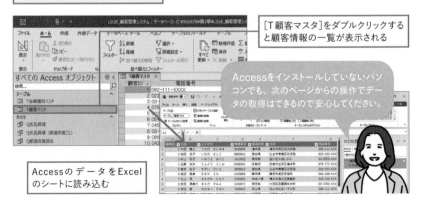

[T顧客マスタ]をダブルクリックすると顧客情報の一覧が表示される

Accessをインストールしていないパソコンでも、次のページからの操作でデータの取得はできるので安心してください。

AccessのデータをExcelのシートに読み込む

ここもポイント！

セキュリティリスクのメッセージが表示されたら

　Accessファイルはマクロやクエリを含むことができるため、開くときにセキュリティリスクに対する警告メッセージが表示される場合があります。本書のファイルは安全ですので、エクスプローラーでファイルを右クリックして［プロパティ］-［（ファイル名）のプロパティ］ダイアログボックスを開き、ファイルへのアクセスを許可しましょう。

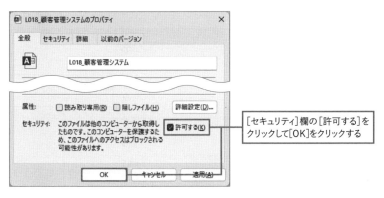

［セキュリティ］欄の［許可する］を
クリックして［OK］をクリックする

02　Accessのテーブルを取得してExcelで利用する

　Accessファイルを指定すると、［ナビゲーター］ダイアログボックスで**ファイル内のテーブルとクエリが一覧表示されますので、取得したいオブジェクトを指定**しクエリを作成します。エラーが出る可能性があるため、Accessは終了しておきます。

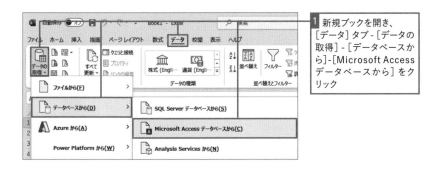

1 新規ブックを開き、
［データ］タブ-［データの
取得］-［データベースか
ら］-［Microsoft Access
データベースから］をク
リック

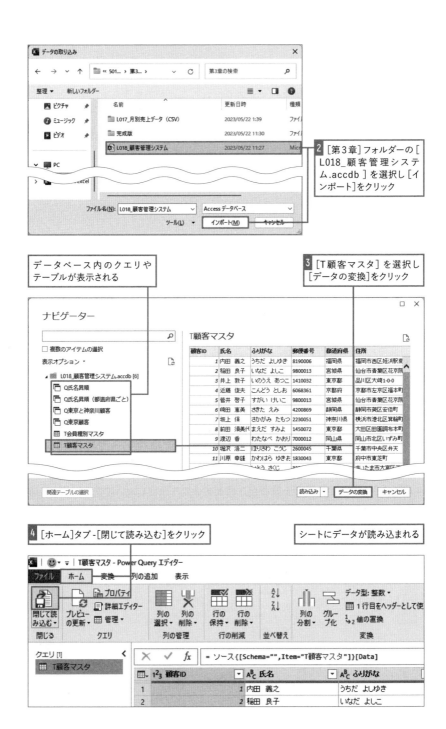

2 [第3章]フォルダーの[L018_顧客管理システム.accdb]を選択し[インポート]をクリック

データベース内のクエリやテーブルが表示される

3 [T顧客マスタ]を選択し[データの変換]をクリック

4 [ホーム]タブ-[閉じて読み込む]をクリック

シートにデータが読み込まれる

ここもポイント！

複数のデータを指定するとそれぞれのクエリが作成される

Accessデータベースを取得する際に表示される［ナビゲーター］ダイアログボックスで複数のオブジェクトを選択すると、それぞれのデータを読み込むクエリが作成されます。［クエリ］ウィンドウでクエリ名を選択することで、編集操作を続けることができますので、効率良く複数のクエリを作成できます。

1 本LESSONの操作1〜2を実行

2 ［ナビゲーター］ダイアログボックスで［複数のアイテムの選択］にチェックを入れる

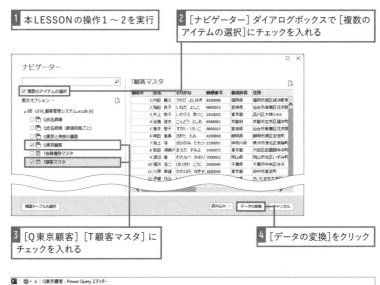

3 ［Q東京顧客］［T顧客マスタ］にチェックを入れる

4 ［データの変換］をクリック

［クエリ］ウィンドウに2つのクエリが表示されている

クエリをクリックするとプレビューが切り替わる

LESSON

19

PDFの表から
クエリを作成しよう

練習用ファイル L019_残高試算表.pdf

01 PDF化された表も活用できる

　PDFの表はデータ部分をコピーしてExcelシートに貼り付けてもうまく表の形にならない場合も多いですが、パワークエリを使えば簡単にテーブルとして読み込むことができます。会計システムから出力された帳票類、取引先から送付された見積りや請求書など、PDF化された表をデータとして活用したいといった場面で便利です。ただし、スキャンされるなどして画像データになっているPDFファイルを読み込むことはできません。このLESSONでは、PDF化された残高試算表をExcelシートに読み込みます。

◆L019_残高試算表.pdf

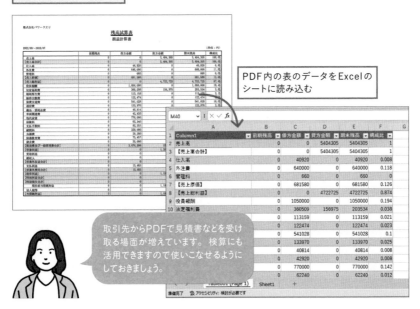

PDF内の表のデータをExcelのシートに読み込む

取引先からPDFで見積書などを受け取る場面が増えています。検算にも活用できますので使いこなせるようにしておきましょう。

ここもポイント！
編集が必要ない場合は直接［読み込み］でもOK

　プレビューで取得データの内容を確認し、編集不要と判断できた場合には［読み込み］をクリックすることで、Excelシートにデータがテーブルとして読み込まれます。同時にクエリも作成され、［クエリと接続］作業ウィンドウでクエリ名などを確認できます。

---

02 ┃ テーブルを指定してクエリを作成する

　PDFファイルを指定して取得する際には、途中で［ナビゲーター］ダイアログボックスが表示されます。**PDFファイル上にあるテーブルが自動認識され、「Table001(Page 1)」のように番号が自動的に割り振られて表示されます。** 右のプレビューを見ながら取得したいテーブルを選択して［データの変換］へと進みます。選択された表がPower Queryエディターで編集できるようになりますので、必要に応じて加工した後、Excelシートに読み込んでおきましょう。

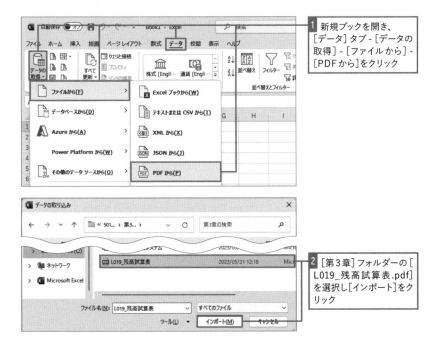

1 新規ブックを開き、［データ］タブ -［データの取得］-［ファイルから］-［PDFから］をクリック

2 ［第3章］フォルダーの［L019_残高試算表.pdf］を選択し［インポート］をクリック

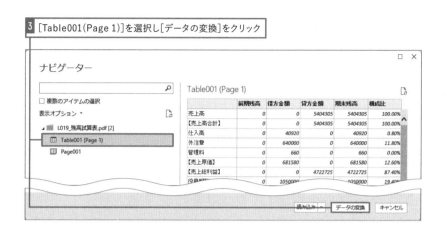

3 [Table001(Page 1)]を選択し[データの変換]をクリック

4 [ホーム]タブ-[閉じて読み込む]をクリック　　　シートにデータが読み込まれる

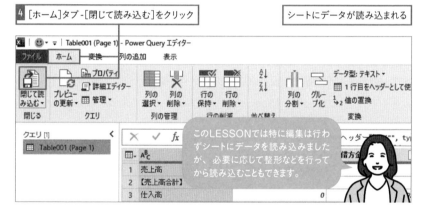

このLESSONでは特に編集は行わずシートにデータを読み込みましたが、必要に応じて整形などを行ってから読み込むこともできます。

💡 [ナビゲーター]の画面に表示される[Page 001]って?

　[ナビゲーター]ダイアログボックスでは、そのファイル上にある「テーブル」と「ページ」をそれぞれ取得元として指定することができます。「Table001(Page 1)」とは、「このファイル内の1つ目のテーブルで、1ページ目にある」ことを指しています。「Table003(Page 2)」であれば、「このファイル内の3つ目のテーブルで、2ページ目にある」ということです。「Page001」は1ページ目全体を指しており、選択するとページ上のすべてのデータを取得することになります。いずれの場合も、プレビューで内容を確認しながら必要なデータを取得しましょう。

LESSON 20 Webページのデータを 取得するクエリを作成しよう

01 取得するWebページを確認しよう

　Web上にあるデータをExcelで活用したい場合にもデータ取得することができます。例えば最新の為替情報をすぐに使用したい場合、為替情報が更新されるWebページを取得するクエリを作成しておけば簡単に最新情報を使えるようになります。このLESSONではWebページにある為替レートの表を取得するクエリを作成します。以下の練習用のページを開き、為替レートの表があること、ページ内には文やバナー、ボタンなどもあることを確認し、次の操作に備えてURLをコピーしておきましょう。なお、練習用に作成されたページですので、サンプルページ内の情報は更新されません。

◆練習用のWebページ
https://wans-one.co.jp/powerquery-sample

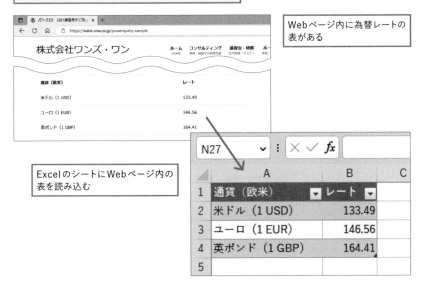

Webページ内に為替レートの表がある

Excelのシートに Webページ内の表を読み込む

02 テーブルを指定してクエリを作成する

　取得しようとするWebページへ初めて接続するときのみ、[Webコンテンツへのアクセス]が表示されます。**アクセス制限などのない一般的なサイトのデータを取得する場合は左メニューの[匿名]が選ばれている状態で操作を進めます。[これらの設定適用対象レベルの選択]では、前の画面で指定したURLに合わせて、サイトURLがいくつかの階層で表示されます。**何を選んでもデータ取得できますが、最上位階層を選択しておけば、今後そのサイト内の別のページを取得する場合でもこの画面が表示されなくなります。

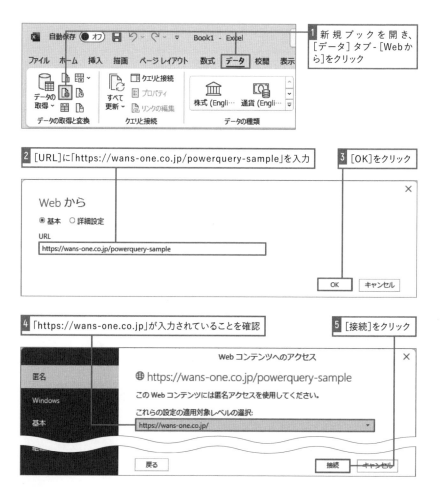

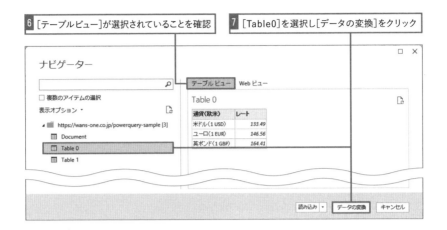

6 [テーブルビュー]が選択されていることを確認

7 [Table0]を選択し[データの変換]をクリック

8 [ホーム]タブ-[閉じて読み込む]をクリック

シートにデータが読み込まれる

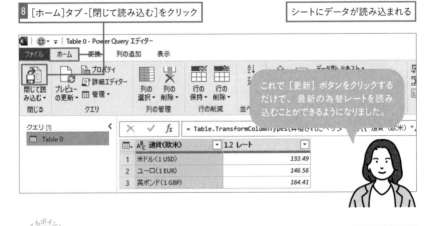

これで[更新]ボタンをクリックするだけで、最新の為替レートを読み込むことができるようになりました。

こもポイント!

取得できないデータもある

　Webページにあっても、テーブルとして認識されないデータは取得することができません。例えば、一見表のように見えても画像化されていればデータとして取得することは不可能です。また、ページ内の見出しや本文なども読み込めない場合が多いです。また、技術的にはデータ取得できるとしても、第三者の作成したWebページであれば利用規約の定めや、著作権の観点から利用できないこともあります。高頻度で更新を繰り返すと相手のサーバーに負荷を掛けることもありますので、マナーも守って利用しましょう。

［ナビゲーター］にある「Webビュー」とは？

　［ナビゲーター］ダイアログボックスで取得したいテーブルを選択すると、プレビューに取得するテーブルが表示されます。この画面で取得するテーブルを選びますが、情報量の多いページなどは［Webビュー］に切り替えると便利です。Webビューではページ全体を表示することができるので、目的のテーブルを見つけやすくなります。プレビュー内のテーブルは緑色の枠で囲まれ、上部にはテーブル名も表示されます。クリックすることでテーブルを選択することもできます。

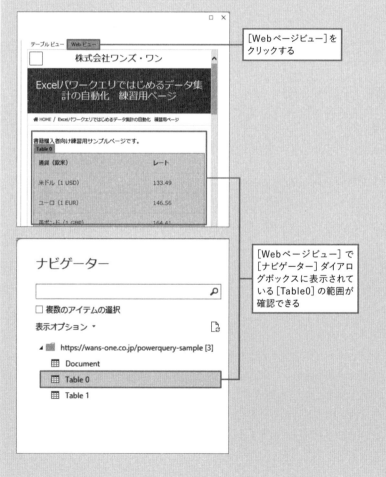

［Webページビュー］をクリックする

［Webページビュー］で［ナビゲーター］ダイアログボックスに表示されている［Table0］の範囲が確認できる

第 4 章

数値や文字列を
必要な形に変換する

パワークエリでは、表の中の数値や文字列を簡単に自分の求める形に変換することができます。また、列の結合、分割、追加といった表を編集する操作も行えます。データを整形するためによく使われる機能を、練習用ファイルを使って操作をしながら身に付けていきましょう。

数字を文字列に変更して
先頭に「0」を表示させる

練習用ファイル L021_顧客一覧.csv

01 CSVはExcelで表示すると先頭の「0」が欠落する

商品番号や顧客番号などを数字だけで構成する場合、「0」を付けて桁数を補うことはよくありますが、**Excelが「数値」として読み込むことで先頭の「0」が欠落してしまう**ことがあります。以下はその例です。[メモ帳]アプリで開いた「L021_顧客一覧.xlsx」には顧客番号が「001」「002」と記録されていますが、Excelで開くと「1」「2」のように「0」が欠落した状態になっています。このままでは顧客番号として正しく扱うことができないため、このLESSONでは元通りの3桁で顧客番号を表示させる方法を紹介します。

[メモ帳]で開くと[顧客番号]は「0」から
始まる3桁の番号になっている

加工を行わずシートに読み込むと
先頭の「0」がない状態になる

02 消えた「0」を表示するためのポイントは「データ型」

Power Queryエディターの［適用したステップ］でステップを確認しましょう。初めは「0」が補われて3桁表示になっていた顧客番号が、［変更された型］ステップで［整数］に変更されたことにより「0」のない表記に変わったことが分かります。ただしこのステップでは他の列の型も変更されており、それらには問題がないため削除することはできません。そこで［顧客番号］列のみデータ型を修正します。**以下の手順の中で［列タイプの変更］ダイアログボックスが表示されますが、［現在のものを置換］を選ぶことで、直前のステップで変更されたデータ型の中で現在選択中の列のみ修正することができます。**［新規手順の追加］を選んだ場合には、いったん［整数］に変更したデータをさらに［テキスト］にすることになり、元の「0」が付いた表示にはならないので注意しましょう。

新規ブックを開き、［データ］タブ -［テキストまたはCSVから］をクリックして、「L021_顧客一覧.csv」を取得しPower Queryエディターを表示しておく

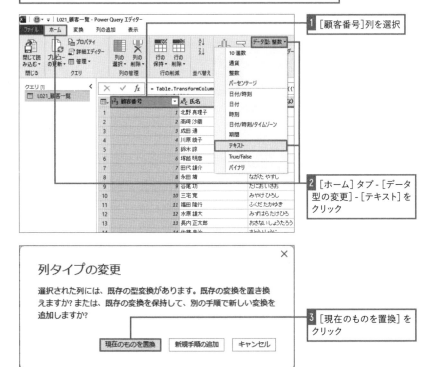

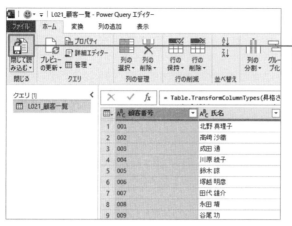

4 [閉じて読み込む] をクリック

[顧客番号] が「0」から始まる3桁の番号になった

電話番号や郵便番号をデータとして扱うときにもよく使われますので、しっかり覚えておきましょう。

整数それともテキスト? 数字列のデータ型はどう選ぶ?

値として「数字」がある場合、それを [整数] [10進数] などの数値とするか、[テキスト] とするか、どちらが適切かは状況によって異なります。集計に使う列で整数位のみ必要な列は [整数]、小数点以下の値まで必要な列は [10進数] を選びます。連番やコードなどの場合は数値として扱うと表示桁数の制限などがあることから [テキスト] を選ぶことが多いです。ただし、テキスト型にすると四則演算などの計算の値として利用できなくなりますので注意が必要です。またクエリのマージで照合列として利用する場合、双方のデータ型は一致している必要がありますので同じ型を適用してください。

8桁数字の日付データを「/」区切りにする

練習用ファイル L022_顧客一覧.xlsx

01 データ型の変更手順がポイント

システムから出力されたファイルでは、日付データが「19510902」のように8桁の数字になっていることがよくあります。Excelでは日付のデータはシリアル値で管理されており、日付も計算の値に使えます。「L022_顧客一覧.xlsx」を開くと生年月日列が8桁の数字になっていますので、データ型を変更して「yyyy/mm/dd」形式に変換しましょう。手順の**ポイントはデータ型を[テキスト]に変えてから[日付]に変更する点**です。**テキスト型に変更せずに日付型にすると、8桁の数値をシリアル値そのものとして処理しようとするためエラーになってしまいます。**

1²₃ 生年月日		Aᴮ_C 性別
	19510902	女
	19581025	女
	19930701	男
	19881214	女
	19470510	男
	19970408	男

データ型が[整数]になっている

日付は「yyyymmdd」の形式になっている

📅 生年月日		Aᴮ_C 性別
	1951/09/02	女
	1958/10/25	女
	1993/07/01	男
	1988/12/14	女
	1947/05/10	男
	1997/04/08	男

データ型を[テキスト]に変えてから[日付]にする

日付が「yyyy/mm/dd」の形式になった

なぜ［現在のものを置換］ボタンがあるの？

今回の例のように、同じ種類の操作を繰り返す場合、その設定内容が異なると［現在のものを置換］［新規手順の追加］のいずれかを選ぶ画面が表示されます。前の設定内容が明らかに誤りでその手順を取り消しても良い場合には、［現在のものを置換］を使うことで不要なステップを増やさずに済みますので、クエリの動作速度に与える影響を少なくできます。

02 | 8桁の数字を「yyyy/mm/dd」表記の日付にする

現在［生年月日］列は整数型になっているので、まず一度テキスト型に変更します。このとき［列タイプの変更］ダイアログボックスに表示されるボタンはどちらを選んでも問題ありませんが、今回はステップを残して分かりかりやすくするために［新規手順の追加］を選びます。次の操作時と比較するため、ステップとして［変更された型1］が追加されたことを確認しましょう。その後列を日付型に変更しますが、このときは必ず［列タイプの変更］ダイアログボックスで［新規手順の追加］を選び、［変更された型2］という2つ目のステップができることを確認します。［現在のものを置換］を選ぶと、前のステップである［変更された型1］が日付型への変更に置き換わってしまい、一度テキスト型に変更した操作が取り消されてしまうので正しい結果を得ることができません。

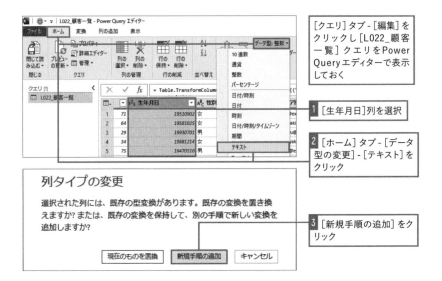

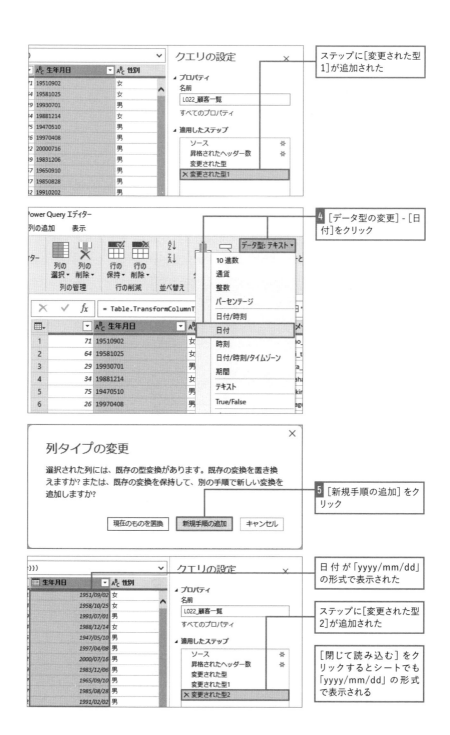

ステップに[変更された型1]が追加された

4 [データ型の変更]-[日付]をクリック

列タイプの変更

選択された列には、既存の型変換があります。既存の変換を置き換えますか? または、既存の変換を保持して、別の手順で新しい変換を追加しますか?

現在のものを置換 　新規手順の追加 　キャンセル

5 [新規手順の追加]をクリック

日付が「yyyy/mm/dd」の形式で表示された

ステップに[変更された型2]が追加された

[閉じて読み込む]をクリックするとシートでも「yyyy/mm/dd」の形式で表示される

セルの結合を解除し、空白セルを埋める

練習用ファイル L023_セルの結合.xlsx

01 結合されたセルがあると何かとやっかい！

連続したセルに同じ値が入る場合にセル結合されていることがありますが、これでは列や行ごとに値が入力されていないため、集計や並べ替えを正しく行うことができません。また、結合を解除するだけであればExcelのシートにある［セル結合の解除］でも行えますが、解除後にできた空白を元の値ですべて埋めるのは大変です。このLESSONでは、表内のセル結合を解除し、結合の解除によってできた空白セルにすぐ上のセルの値をコピーする方法を紹介します。

	A	B	C	D
1	商品名	販売先	担当者	個数
2	ピーナツのコッペパン	A社	山田	20
3		B社		30
4	流れ星のキャラメル		佐藤	45
5	サクラのビスケット	C社		15
6	もみじクッキー			18
7	ピーナツのコッペパン	D社	田中	20
8	さくさくフランスパン	A社	山田	50
9				
10				
11				

セルが結合されている

	A	B	C	D
1	商品名	販売先	担当者	個数
2	ピーナツのコッペパン	A社	山田	20
3	ピーナツのコッペパン	B社	山田	30
4	流れ星のキャラメル	C社	佐藤	45
5	サクラのビスケット	C社	佐藤	15
6	もみじクッキー	C社	佐藤	18
7	ピーナツのコッペパン	D社	田中	20
8	さくさくフランスパン	A社	山田	50
9				
10				

セルの結合が解除され、結合されていたセルにも値が入力される

02 ボタン1つで上のセルの値をコピーできる

[テーブルまたは範囲から]を使うと範囲がテーブル化され、セルの結合が解除されます。Power Queryエディターのプレビューを見ると、**結合されていたセル範囲の一番上のセルのみに値が入力され、下のセルには「null」と表示されてしまっています。**この「null」を上の値で埋めることができるのが[**フィル**]です。列を選択しておけば、ボタン1つの操作で値がコピーされます。

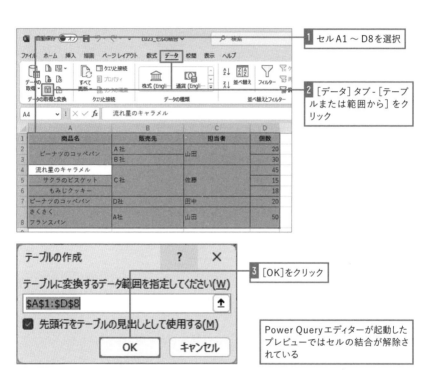

1 セルA1〜D8を選択

2 [データ]タブ-[テーブルまたは範囲から]をクリック

3 [OK]をクリック

Power Queryエディターが起動したプレビューではセルの結合が解除されている

結合されたセルがある表は自動的に範囲選択されない場合があるので、事前に範囲選択しておくと確実です。

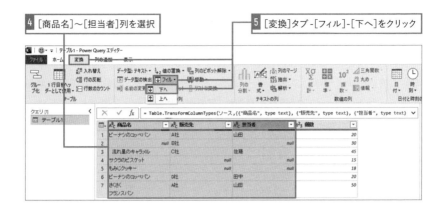

「null」と表示されたセルの上に入力されていた値がコピーされた

✕ ✓ fx	= Table.FillDown(変更された型,{"商品名", "販売先", "担当者"})			
▦	A^B_C 商品名 ▼	A^B_C 販売先 ▼	A^B_C 担当者 ▼	1²₃ 個数 ▼
1	ピーナツのコッペパン	A社	山田	20
2	ピーナツのコッペパン	B社	山田	30
3	流れ星のキャラメル	C社	佐藤	45
4	サクラのビスケット	C社	佐藤	15
5	もみじクッキー	C社	佐藤	18
6	ピーナツのコッペパン	D社	田中	20
7	さくさくフランスパン	A社	山田	50

［閉じて読み込む］をクリックしてシートに読み込んでおく

プレビューに表示される「null」って何?

「null」とは、データとして「何もない」状態を表す値です。「何もないのであれば空白のままで良いのではないか」と思われるかもしれませんが、それではセルに何も値が入っていない状態と、「ブランク(空文字)」や「スペース」がある状態との区別が付かないため、一般的にデータベースやプログラミング言語では「何もない」ことを明示する「null」という値を使います。また、今回はテキスト列のみ「null」があったためフィルを使って上のセルの値をコピーしましたが、数値列の場合は「0」に置き換えた方が良い場合も多く、その際はLESSON29で紹介している「値の置換」を使います。「null」は値なので置換することができるのです。

不要なスペースや
セル内改行を削除する

練習用ファイル L024_不要な編集記号.xlsx

01 データを扱いにくくするスペースなどの編集記号

　不要な編集記号がデータの中に値として残っていると、「クエリのマージ」の照合列として使う場合や、同じ値の行をグループ化して集計するときなど、データを一致させることが必要な場面で正しい結果を求めることができません。以下のように「L024_不要な編集記号.xlsx」は、商品名の一部に不要なスペースや改行を含んでいます。データを手入力している場合によくあることですが、セルを1つずつ確認しながら削除していくのは面倒です。このLESSONでは、不要な編集記号を削除するステップを追加し、簡単にきれいなデータを作成できるようにします。

> セルA4の文字前にスペースがある

> セルA7の文字の後ろにスペースがある

	A	B	C	D	E	F
1	商品名 ▼	販売先 ▼	担当者 ▼	個数 ▼		
2	ピーナツのコッペパン	A社	山田	20		
3	ピーナツのコッペパン	B社	山田	30		
4	流れ星のキャラメル	C社	佐藤			
5	サクラのビスケット	C社	佐藤			
6	もみじクッキー	C社	佐藤			
7	ピーナツのコッペパン	D社	田中			
8	さくさく フランスパン	A社	山田	50		
9						

> 文字の後ろのスペースは特に見た目では判断が付きません。セルをダブルクリックするなどして編集モードにし、Ctrl＋A キーで文字をすべて選択すると分かりやすいです。

> セルA8の「さくさく」と「フランスパン」の間に改行がある

02 | スペースを削除する

［トリミング］を使うと、文字列の前後にある空白が削除されます。 この
LESSONでは、明らかに空白が含まれている［商品名］列のみ対象としていますが、
実務では余計な空白が入力される可能性のある列はすべてトリミングしておくと
良いでしょう。ExcelのTRIM関数も同様に前後の空白を削除しますが、同時に
文字と文字の間に2つ以上の空白が連続する場合は1つの空白に置き換えます。
**パワークエリのトリミングでは文字間の連続した空白については処理を行いませ
ん**ので、次のページの「達人のノウハウ」を参考に整形しましょう。

> ［クエリ］タブ -［編集］をクリックし［テーブル1］クエリを
> Power Queryエディターで表示しておく

1	［商品名］列を選択	2	［変換］タブ -［書式］-［トリミング］をクリック

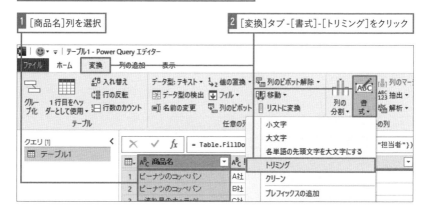

> 入力されていたスペースが削除された

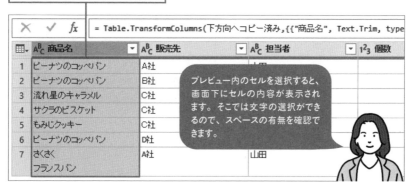

> プレビュー内のセルを選択すると、
> 画面下にセルの内容が表示され
> ます。そこでは文字の選択ができ
> るので、スペースの有無を確認で
> きます。

文字の間の連続した余分な空白を削除するには？

　TRIM関数のように、文字の間に連続した空白を1つにしたい場合には[値の置換]を使って1つの空白に置き換えましょう。[検索する値]に空白を2つ入力し、[置換後]に空白を1つ入力して置換を実行すれば解決できます。3つ以上の空白が連続する可能性がある場合には、この手順を何度か繰り返します。

03 改行を削除する

[クリーン]を使うと、改行やタブなど、印刷はされないものの文字列の位置などを制御するために入力されている記号を削除することができます。改行やタブは目視では確認しにくいことが多いので、入力されている可能性のある列すべてを対象としてクリーンを実行しておくと良いでしょう。

ヘッダーからも不要な編集記号を削除しよう

　取得する元の表で、項目名の部分に不要なスペースや、改行が含まれている場合もあります。自動的にヘッダーとして読み込まれた項目名は、Power Queryエディターのプレビュー画面では確認ができませんが、不要な空白や改行は残ったままとなるため、その後の整形に影響を与える可能性があります。このような場合には、[変換]タブ-[テーブル]グループ-[1行目をヘッダーとして使用]-[ヘッダーを1行目として使用]を使い、いったん項目名部分も通常の行と同じ扱いにします。その上ですべての列を選択し、[トリミング]と[クリーン]を実行することで、項目名も不要な編集記号のないきれいなデータになります。その後[1行目をヘッダーとして使用]を使い、再度項目名をヘッダーに昇格させましょう。

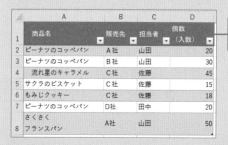

列名に不要な編集記号が含まれている

Power Queryエディターのプレビュー画面では、不要な編集記号が確認しにくい

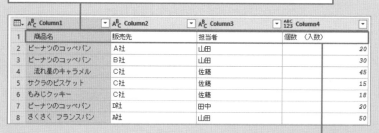

[ホーム]タブ-[1行目をヘッダーとして使用]-[ヘッダーを1行目として使用]をクリックすると列名がデータ行になる

列名がデータ行になる

[Column1]～[Column4]列を選択し[変換]タブの[トリミング]と[クリーン]を実行し、[ヘッダーを1行目として使用]をクリックする

日付から年・月・日・曜日 などを取り出す

練習用ファイル L025_売上データ.xlsx

01 日付の情報を持つデータから必要な値を抽出する

　パワークエリでは日付のデータを扱うことができますが、ピボットテーブルのように月や四半期などの期間を指定してグループ化し集計することはできません。そのため、**月別や曜日別に集計をするのであれば、あらかじめそれらの列を作成しておく必要があります。**このLESSONでは [販売日] 列に入力された日付データから、月や曜日の値を取り出した列を追加します。

[販売日] のデータを元に「月」と
「曜日」の列を追加する

	A	B	C	D	E	F	G
1	販売日	取引コード	担当者コード	担当者名	顧客コード	顧客分類	顧客名
2	2023/1/4	23000001	S-001	佐藤	T-001	問屋	株式会社
3	2023/1/4	23000002	S-002	山田	K-002	小売り	株式会社
4	2023/1/5	23000003	S-002	山田	K-003	小売り	山梨有限
5	2023/1/5	23000004	S-002	山田	K-003	小売り	山梨有限
6	2023/1/5	23000005	S-001	佐藤	T-001	問屋	株式会社
7	2023/1/6	23000006	S-002	山田	K-002	小売り	株式会社
8	2023/1/6	23000007	S-003	鈴木	T-004	問屋	さいたま

	A	B	C	D			
1	販売日	販売月	販売曜日	取引コード			ド
2	2023/1/4	1	水曜日	23000001			
3	2023/1/4	1	水曜日	23000002			
4	2023/1/5	1	木曜日	23000003	S-002	山田	K-003
5	2023/1/5	1	木曜日	23000004	S-002	山田	
6	2023/1/5	1	木曜日	23000005	S-001	佐藤	
7	2023/1/6	1	金曜日	23000006	S-002	山田	
8	2023/1/6	1	金曜日	23000007	S-003	鈴木	

Excelシート上では日付・時刻の関数や、表示形式を使うなどの面倒な操作が必要ですが、パワークエリなら、ボタンをクリックするだけで簡単に必要な値を取り出せます。

02 日付列のデータを元に月の列を追加する

[販売日] 列を選択してから「列の追加」操作に移ります。1つの表内に日付データの列を複数持つ場合もありえるので、対象列を選択しておくことは重要です。追加された列は表の右端に表示されるため、分かりやすい位置に移動し、列名を変更しておきましょう。

[クエリ]タブ-[編集]をクリックし[売上データ整形済]クエリを
Power Queryエディターで表示しておく

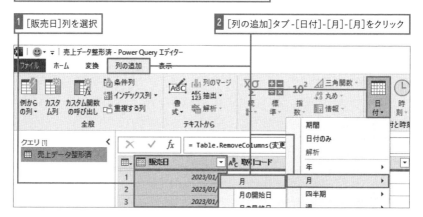

[月]列が追加された

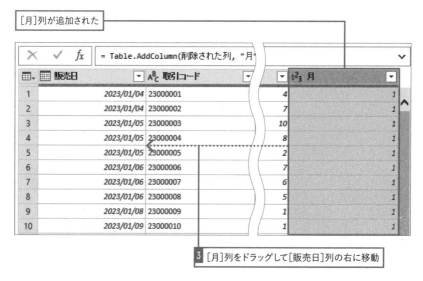

3 [月]列をドラッグして[販売日]列の右に移動

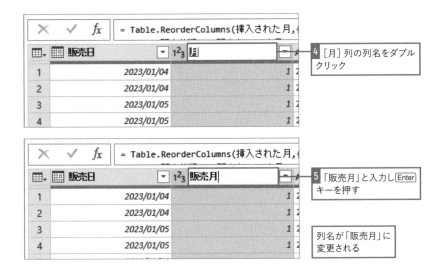

4 [月] 列の列名をダブルクリック

5 「販売月」と入力し Enter キーを押す

列名が「販売月」に変更される

03 曜日の列を追加する

　前の SECTION と同様に「曜日」の列も追加してみましょう。ここでは操作しませんが「年」や「日」も同様に追加できます。他にも「四半期」や、今週は今年に入って何週目かを取り出す「年の通算週」、1月1日から数えて何日目かを表示する「年の通算日」など、日付に関する様々な値を列にできます。

1 [販売日]列を選択

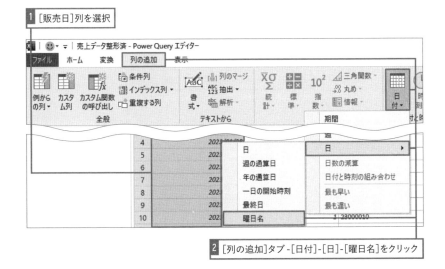

2 [列の追加]タブ-[日付]-[日]-[曜日名]をクリック

活用編　第4章　数値や文字列を必要な形に変換する

[曜日名]列が追加された

	▼	1²₃ 単価	▼	1²₃ 数量	▼	Aᴮ_C 曜日名	▼
ペパン		1280		4		水曜日	
ン		1200		7		水曜日	

SECTION02を参考に、[販売月]列の右に列を移動し、列名を「販売曜日」に変更しておく

⊞▾	🗓 販売日	▼	1²₃ 販売月	▼	Aᴮ_C 販売曜日	▼	Aᴮ_C 取引コー
1	2023/01/04		1		水曜日		23000001
2	2023/01/04		1		水曜日		23000002
3	2023/01/05		1		木曜日		23000003

[閉じて読み込む]をクリックしてシートに読み込んでおく

💡 販売日から請求日や会計年度を求める

　月末を請求日として運用しているなら、[日付] ボタンにある [月] - [月の最終日] を使って販売日からその月の月末を求めることで、請求日の列を作成することができます。また、会計年度列を作成したい場合には、[請求日] 列から「年」「月」を取り出した後、年の値から1を引いた列を作成し、決算月以前の月のみその列の値を参照する条件列を作成して求めることができます。計算の機能はLESSON36、条件列についてはLESSON38で紹介しています。

販売日のデータから月末の日付を抽出できる

	A	B	C	D	E	F
1	販売日 ▼	伝票番号 ▼	顧客名 ▼	請求日 ▼	会計年度 ▼	
2	2023/2/18	D-001	株式会社エクセル	2023/2/28	2022	
3	2023/3/20	D-002	アクセス有限会社	2023/3/31	2022	
4	2023/4/14	D-003	株式会社エクセル	2023/4/30	2023	
5	2023/4/16	D-004	アクセス有限会社	2023/4/30	2023	
6	2023/5/13	D-005	ニューデータ株式会社	2023/5/31	2023	

「日付」や「条件列」の機能を組み合わせることで会計年度も作成できる

複数の列に分かれた
データを1つの列にまとめる

01 ［姓］［名］の列に分かれた名前を［氏名］列にまとめる

　大量のデータを含む表を操作していると、複数列に分かれたデータを1つの列にまとめたくなる場面があります。例えば顧客リストの「姓」と「名」や「都道府県」と「住所」、商品リストの「分類コード」と「単品コード」などです。パワークエリでは複数の列を1つにまとめる方法がいくつかありますが、このLESSONでは「列のマージ」と「例からの列」を使って「姓」「名」を［氏名］列にまとめる操作を紹介します。

［姓］と［名］のデータを連結して
［氏名］列を追加する

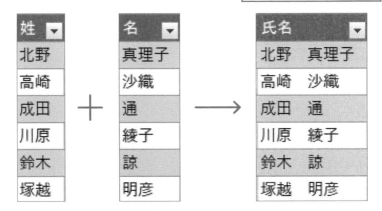

このLESSONでは結合する列の値の間にスペースを入れていますが、何も入れないことも、それ以外の記号や文字を入れることも可能です。操作3で適切なものを選択しましょう。「カスタム」を使えば好きな文字列を指定できます。

02 選択した列を結合できる「列のマージ」

「列のマージ」を使うと、選択した複数の列を1つの列に結合することができます。その際、[列のマージ]ダイアログボックスで結合する列の値の間にスペースやコロンなどの「区切り文字」を設定することができます。**列を選択する順番が結合後の列の値の順序になるので、注意して選択しましょう。**

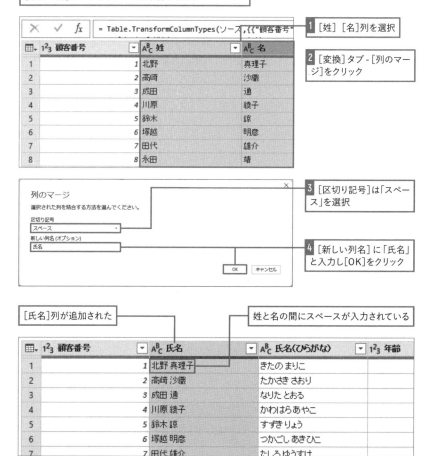

[データ] タブ - [テーブルまたは範囲から] をクリックし、[顧客一覧]テーブルのデータを取得しておく

	= Table.TransformColumnTypes(ソース,{{"顧客番号"		

1 [姓] [名]列を選択

▦▾	1²₃ 顧客番号	▾	Aᴮ_C 姓	▾	Aᴮ_C 名
1	1		北野		真理子
2	2		高崎		沙織
3	3		成田		通
4	4		川原		綾子
5	5		鈴木		諒
6	6		塚越		明彦
7	7		田代		雄介
8	8		永田		靖

2 [変換] タブ - [列のマージ]をクリック

列のマージ

選択された列を結合する方法を選んでください。

区切り記号
スペース

新しい列名 (オプション)
氏名

OK キャンセル

3 [区切り記号]は「スペース」を選択

4 [新しい列名] に「氏名」と入力し[OK]をクリック

[氏名]列が追加された / 姓と名の間にスペースが入力されている

▦▾	1²₃ 顧客番号	▾	Aᴮ_C 氏名	▾	Aᴮ_C 氏名(ひらがな)	▾	1²₃ 年齢
1	1		北野 真理子		きたの まりこ		
2	2		高崎 沙織		たかさき さおり		
3	3		成田 通		なりた とおる		
4	4		川原 綾子		かわはら あやこ		
5	5		鈴木 諒		すずき りょう		
6	6		塚越 明彦		つかごし あきひこ		
7	7		田代 雄介		たしろ ゆうすけ		

[閉じて読み込む]をクリックしてシートに読み込んでおく

数値の列は結合できるがテキスト型になる

数値として扱うべきデータを結合することは想定していないため、データ型が[10進数]や[整数]の列を結合した場合でも、結果はテキスト型のデータとなります。これを再度[10進数]に変更することは可能ですが、元の列に含まれる値によってはエラーとなります。

[A]列と[B]列のデータを結合するとテキスト型になった

▦▾	1.2 A ▾	1.2 B ▾	$^{AB}_C$ 結合 ▾
1	123	456	123456
2	987	654	987654
3	1.11	222	1.11222
4	1.2	3.4	1.23.4

▦▾	1.2 A ▾	1.2 B ▾	1.2 結合 ▾
1	123	456	123456
2	987	654	987654
3		222	1.11222
4	1.2	3.4	Error

10進数に変更するとエラーが表示された

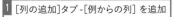

練習用ファイル L026_列結合2.xlsx

03 データの規則性から新たな列を作る「例からの列」

「例からの列」はExcelの「フラッシュフィル」と同じように使えます。**新たに作成された列に入力される値を全列の値と参照しながら規則性を見つけ出し、以降の行に自動的に値を作成します。**「列のマージ」とは異なり、元の列は残るので必要に応じて削除しましょう。

1 [列の追加]タブ-[例からの列]を追加

127

活用編 第4章 数値や文字列を必要な形に変換する

[列1]が追加された

2 1行目のセルに「北野　真理子」と入力し[Enter]キーを押す

☑ Aᴮc 姓	☑ Aᴮc 名	☑ Aᴮc 氏名くひ	列1
1 北野	真理子	きたのまりこ	北野　真理子
2 高崎	沙織	たかさき さお	
3 成田	通	なりた とおる	
4 川原	綾子	かわはらあ`	
5 鈴木	諒	すずき りょう	
6 塚越	明彦	つかごし あき	
7 田代	雄介	たしろ ゆうす	

2行目以降に自動でデータが入力された

3 [OK]をクリック

OK　　キャンセル

☑ Aᴮc 姓	☑ Aᴮc 名	☑ Aᴮc 氏名くひ	結合済み
1 北野	真理子	きたのまりこ	北野　真理子
2 高崎	沙織	たかさき さお	高崎　沙織
3 成田	通	なりた とおる	成田　通
4 川原	綾子	かわはらあ`	川原　綾子
5 鈴木	諒	すずき りょう	鈴木　諒
6 塚越	明彦	つかごし あき	塚越　明彦

右端に[結合済み]列が追加された

▼ Aᴮc 郵便番号	▼ Aᴮc 住所	▼ Aᴮc 結合済み	▼
.co.jp	005-3126	北海道札幌市白石区北郷三条…	北野　真理子
mple.co.jp	374-4647	群馬県前橋市城東町X-X-XX	高崎　沙織
ble.ne.jp	568-1938	大阪府大阪市中央区難波X-X-X…	成田　通
mple.co.jp	168-4545	東京都墨田区亀沢X-X-X	川原　綾子
e.jp	187-3300	東京都台東区浅草X-X-XXノル…	鈴木　諒
example.com	596-2265	大阪府大阪市東淀川区豊里X-…	塚越　明彦

4 列名を[氏名]に変更し[顧客番号]列の右へ移動

✕　✓　ƒx　= Table.RemoveColumns(並べ替えられた列,{"姓", "名"})

▦. 1²₃ 顧客番号	▼ Aᴮc 氏名	▼ Aᴮc 氏名(ひらがな)	▼ 1²₃ 年齢	▼
1	1 北野　真理子	きたの まりこ	71	
2	2 高崎　沙織	たかさき さおり	64	
3	3 成田　通	なりた とおる	29	
4	4 川原　綾子	かわはらあやこ	34	
5	5 鈴木　諒	すずき りょう	75	
6	6 塚越　明彦	つかごし あきひこ	26	
7	7 田代　雄介	たしろ ゆうすけ	22	

[姓]列と[名]列は削除し、[閉じて読み込む]をクリックしてシートに読み込んでおく

「例からの列」では複雑な組み合わせの列を作成できる

「例からの列」を使えば、姓は漢字で名はひらがなの列を作成することも できます。下図は［氏名（ひらがな）］列には「きたの　まりこ」のように氏 名すべてがひらがなで入力されているため、その値を参照して［姓］の列 と組み合わせています。このように複雑な組み合わせをさせる場合、1行 目の値だけでは規則性を判定できず2行目まで入力しなければならないこ とがあります。

> 2行目まで入力すると3行目以降のデータが自動で入力される

☑ A⁣B⁣C 名	☑ A⁣B⁣C 氏名（ひらがな）	☑ 1²₃ カスタム
真理子	きたの まりこ	北野　まりこ
沙織	たかさき さおり	髙崎　さおり
通	なりた とおる	成田　とおる
綾子	かわはら あやこ	川原　あやこ
諒	すずき りょう	鈴木　りょう
明彦	つかごし あきひこ	塚越　あきひこ

「例からの列」で8桁数字を日付に変換もできる

LESSON22では8桁の数字で表現された日付のデータを、データ型の変 更を使って「yyyy/mm/dd」にする方法を紹介しましたが、「例からの列」で も変換できます。直接入力する以外に、以下のように1行目のセルをダブ ルクリックすると表示されるリストから「1951/09/02」と表示されるサン プルを選択することで簡単に入力もできますので試してみましょう。

	A⁣B⁣C 氏名（ひらがな）	1²₃ 年齢	1²₃ 生年月日	A⁣B⁣C 性別	列1
1	きたの まりこ	71	19510902	女	19510902（生年月日）
2	たかさき さおり	64	19581025	女	1951/09/02（生年月日 からの日付）
3	なりた とおる	29	19930701	男	380675296853604（生年月日の 2 乗）
4	かわはら あやこ	34	19881214	女	7427318410731580000000（生年月日の 3 乗）
5	すずき りょう	75	19470510	男	7.2902773475373941（生年月日、底が 10 の対数）
6	つか		19470408	男	1.5707962755415（生年月日のアークタンジェント）
7	たしろ		0000716	男	-0.99987480458693523（生年月日のコサイン）
8	ながた		831206	男	0.015823247209032418（生年月日のサイン）
9	たにお		650910	男	-0.015825228455045692（生年月日のタンジェント）
10	みや		850828	男	4417.1146691024451（生年月日の平方根）
11	ふくだ		910202	男	1（生年月日の符号）
12	みずはらたけひろ	23	20000218	男	16.786483944231776（生年月日の自然対数）
13	おさない しょうたろう	46	19770123	男	TRUE（生年月日は偶数）
14	さとう りょうじ	73	19490904	男	FALSE（生年月日は奇数）
15	もりした まさこ	31	19920103	女	8（生年月日の長さ）

> ［生年月日］列を選択し［例からの列］を クリックし［列1］の1行目をクリックす ると入力候補が表示される

姓と名をそれぞれ別の列に分割する

練習用ファイル L027_顧客一覧.xlsx

01 区切り記号を指定して列を分割できる

氏名を姓と名に分割したい、複数の要素で構成された商品コードを要素ごとに分割したいなど、1つの列の値を複数の列に分割したい場面があります。パワークエリでは[列の分割]機能を使って**1つの列にある値を一定の規則に基づいて複数列に分割することができます**。Excelシート上でこれをしようとすると、文字列操作関数を組み合わせる必要があり関数に慣れていない人にはハードルが高いですが、パワークエリなら簡単に操作できます。

	A	B	C	D	E	F
1	顧客番号	氏名	氏名（ひらがな）	年齢	生年月日	性別
2	1	北野 真理子	きたの まりこ	71	19510902	女
3	2	高崎 沙織	たかさき さおり	64	19581025	女
4	3	成田 通	なりた とおる	29	19930701	男
5	4	川原 綾子	かわはら あやこ	34	19881214	女
6	5	鈴木 諒	すずき りょう	75	19470510	男
7	6	塚越 明彦	つかごし あきひこ	26	19970408	男
8	7	田代 雄介	たしろ ゆうすけ	22	20000716	男

[氏名]列のデータを「姓」と「名」に分割する

[生年月日]列のデータを「年」「月」「日」に分割する

	A	B	C	D	E	F	G	H	I
1	顧客番号	姓	名	氏名（ひらがな）	年齢	年	月	日	性別
2	1	北野	真理子	きたの まりこ	71	1951	9	2	女
3	2	高崎	沙織	たかさき さおり	64	1958	10	25	女
4	3	成田	通	なりた とおる	29	1993	7	1	男
5	4	川原	綾子	かわはら あやこ	34	1988	12	14	女
6	5	鈴木	諒	すずき りょう	75	1947	5	10	男
7	6	塚越	明彦	つかごし あきひこ	26	1997	4	8	男
8	7	田代	雄介	たしろ ゆうすけ	22	2000	7	16	男
9	8	永田	靖	ながた やすし	39	1983	12	6	男

02 | 姓名の間のスペースを使って列を分割する

［列の分割］のうち［区切り記号による分割］では、文字と文字の間にある「スペース」や「-」などを区切り記号として指定して、その前後の文字列を別の列に分割することができます。［氏名］列には姓と名の間に「スペース」が入っている状態で値が入力されているので、それを利用することで2つの列に分割できます。この操作を行った場合、区切り文字として指定したスペースは消えますので、どちらの列にも値として含まれることはありません。

［データ］タブ - ［テーブルまたは範囲から］をクリックし、
［顧客一覧］テーブルのデータを取得しておく

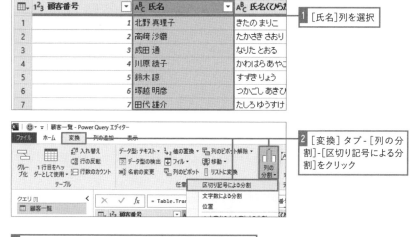

1 ［氏名］列を選択

2 ［変換］タブ - ［列の分割］-［区切り記号による分割］をクリック

3 ［スペース］が選択されていることを確認し、［OK］をクリック

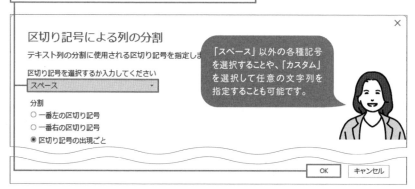

区切り記号による列の分割

テキスト列の分割に使用される区切り記号を指定しま

区切り記号を選択するか入力してください

スペース ▼

分割
○ 一番左の区切り記号
○ 一番右の区切り記号
● 区切り記号の出現ごと

「スペース」以外の各種記号を選択することや、「カスタム」を選択して任意の文字列を指定することも可能です。

OK　　キャンセル

姓と名の列に氏名が分割された
列名[氏名.1][氏名.2]を「姓」「名」に変更しておく

		✓	*fx*	= Table.TransformColumnTypes(区切り記号による列の分割,{{"氏名.1", type text}, {"氏名.2

▦▾	1²₃ 顧客番号	▾	A^B_C 氏名.1	▾	A^B_C 氏名.2	▾	A^B_C 氏名(ひらがな)	▾
1	1		北野		真理子		きたのまりこ	
2	2		高崎		沙織		たかさきさおり	
3	3		成田		通		なりたとおる	
4	4		川原		綾子		かわはらあやこ	
5	5		鈴木		諒		すずきりょう	

次のSECTIONで続きの操作を行うため、Power Queryエディターを表示しておく

03 | 区切り位置を指定して列を分割する

　[生年月日]列に入力されている8桁の数字を「4桁」「2桁」「2桁」に分割して「年」「月」「日」の列を作ってみましょう。[位置による列の分割]ダイアログボックスの[位置]欄に入力する値の考え方がポイントになります。「4,2,2」と入れたくなりますが、そうすると「年」に当たる値が消えてしまいます。**「位置」というのはあくまで区切る位置を示しており、その区切りの後ろの文字列が取り出されます。**そのため今回の例のように**先頭の文字列も残す場合は「0,」で始める必要があります。**その後は区切りの位置を元の文字数から数えて指定しますので、「4,6」となります。

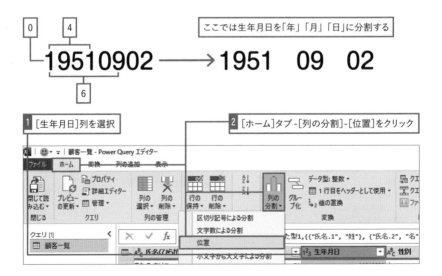

0　4

19510902 ⟶ 1951　09　02

6

ここでは生年月日を「年」「月」「日」に分割する

1 [生年月日]列を選択

2 [ホーム]タブ-[列の分割]-[位置]をクリック

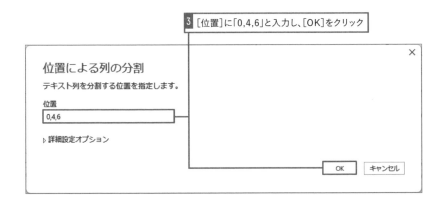

3 [位置]に「0,4,6」と入力し、[OK]をクリック

位置による列の分割

テキスト列を分割する位置を指定します。

位置

| 0,4,6 |

▷ 詳細設定オプション

OK　　キャンセル

「年」「月」「日」の値で分割された
列名をそれぞれ「年」「月」「日」に変更しておく

	1^2_3 年齢	1^2_3 生年月日.1	1^2_3 生年月日.2	1^2_3 生年月日.3
1	71	1951	9	2
2	64	1958	10	25
3	29	1993	7	1
4	34	1988	12	14
5	75	1947	5	10
6	26	1997	4	8
7	22	2000	7	16
8	39	1983	12	6
9	57	1965	9	10
10	37	1985	8	28

ここもポイント!

元の列を残したいときは事前に複製する

[列の分割]を行うと元の列はなくなりますので必要な場合には事前に列をコピーしておきましょう。必要な列を選択し[列の追加]タブ-[重複する列]で作成できます。

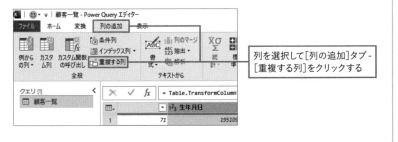

列を選択して[列の追加]タブ-
[重複する列]をクリックする

04 12桁コードを同じ文字数で分割する

　長い文字列を決まった文字数で分割したいときは［文字数による分割］を使います。表示される［文字数による列の分割］ダイアログボックスで［繰り返し］を選ぶことで3列以上に分割することもできます。例えば、長い桁数の数値をコードなどとして発行する場合、そのままでは読みにくいため列を分けたいといった場合に使用できます。ただし**同じ文字数を繰り返すことになるため、生年月日を分割する場合のように、各列の文字数が変わる場合には［位置］を使用する必要があります。**以下の手順では、12桁のコードを4桁ずつの列に分ける操作を行います。整数型ではなくテキスト型として扱いたいため、列を分割後自動的に作成されるステップ［変更された型］は最後に削除しましょう。

> ［クエリ］タブ -［編集］をクリックし［テーブル1］クエリを
> Power Query エディターで表示しておく

> 前のページの「ここもポイント！」を参考に［コード（12桁）］列を複製して
> 列名を［コード(12桁)-元データ］に変更しておく

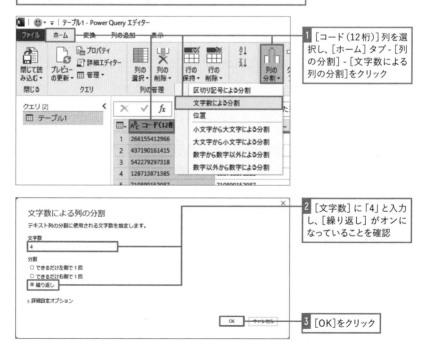

1 ［コード（12桁）］列を選択し、［ホーム］タブ -［列の分割］-［文字数による列の分割］をクリック

2 ［文字数］に「4」と入力し、［繰り返し］がオンになっていることを確認

3 ［OK］をクリック

4桁ずつの列に
分割された

整数型に自動で変更されたため
先頭の「0」がなくなっている

⊞▾	$1^2{}_3$ コード（12桁）.1	▾	$1^2{}_3$ コード（12桁）.2	▾	$1^2{}_3$ コード（12桁）.3	▾	$A^B{}_C$ コ
1	2661		5541		2966		26615
2	4371		9016		1415		43719
3	5422		7929		7318		54227
4	1287		1387		1385		12871
5	7108		9015		2987		71089
6	2914		170		6379		29140
7	2960		6551		4406		29606
8	3813		7117		8967		38137

▲ 適用したステップ

　　ソース
　　変更された型
　　重複された列
　　名前が変更された列
　　位置によって分割された列　　⚙
　✕ 変更された型1

自動的にデータ型が変更され
ることはよくあるので、操作
中はステップを随時確認し、
不要なデータ型の変更があっ
た場合には対応できるように
しましょう。

4 4 ［変更された型1］の
［✕］をクリック

テキスト型に変更され、先頭の「0」が
補完された

⊞▾	$A^B{}_C$ コード（12桁）.1	▾	$A^B{}_C$ コード（12桁）.2	▾	$A^B{}_C$ コード（12桁）.3	▾	$A^B{}_C$ コ
1	2661		5541		2966		26615
2	4371		9016		1415		43719
3	5422		7929		7318		54227
4	1287		1387		1385		12871
5	7108		9015		2987		71089
6	2914		0170		6379		29140
7	2960		6551		4406		29606
8	3813		7117		8967		38137
9	3292		6801		9661		32926
10	9284		5566		6743		92845
11	4990		5948		7986		49905
12	1392		4674		4478		13924

活用編　第4章　数値や文字列を必要な形に変換する

［列の分割］を使って行を複製する

　今ある表のすべての行を複製したい場合、パワークエリではExcelシートのようにコピー＆ペーストで複製できないため、戸惑うことがあります。方法はいくつかありますが、［列の分割］を使うことで比較的簡単に行を複製できます。［列の分割］の［詳細設定オプション］として分割の方向を行にすることができます。「列の分割」なのに行方向に分割するというのは少し分かりにくいですが、分割された列は1列のまま行数を増やす形で値を分割しますので、結果的に行が複製されることになります。以下では、LESSON39で詳しく紹介する「カスタム列」を使って複製したい文字数分の文字が入力された列を作成してから分割することで、3行に複製しています。

> ［クエリ］タブ - ［編集］をクリックし［テーブル1］クエリを
> Power Queryエディターで表示しておく

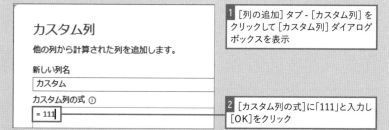

1 ［列の追加］タブ - ［カスタム列］をクリックして［カスタム列］ダイアログボックスを表示

2 ［カスタム列の式］に「111」と入力し［OK］をクリック

3 ［カスタム］列を選択し［列の分割］-［文字数による分割］をクリックして［文字数による列の分割］ダイアログボックスを表示

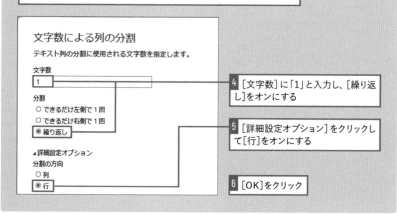

4 ［文字数］に「1」と入力し、［繰り返し］をオンにする

5 ［詳細設定オプション］をクリックして［行］をオンにする

6 ［OK］をクリック

住所から都道府県名を分割する

　住所の中から都道府県を取り出す場合、都道府県名とそれ以降の間に区切り記号を一度入れておくことで列の分割ができるようになります。[値の置換]を使うことで、都道府県名の後ろに区切り記号を挿入できますが、「府」や「県」は市区町村名でも使われることがありますので、1つの住所の中に複数の区切り文字が挿入されてしまう可能性があります。そのため[区切り記号による列の分割]ウィンドウで[分割]の種類を[一番左の区切り記号]とし、2つ目以降の区切り記号は無視することとします。分割された後の住所から不要な区切り記号を削除すれば住所の分割が完成します。

> 「府」や「県」が市区町村名に含まれているデータがある

氏名（ひらがな）	住所
さかもと まきこ	山梨県甲府市下向山町XXX-X
まつなが あきら	福島県田村郡三春町八方谷XXX-X
ながた ひろこ	岐阜県山県市高富X-X
かさい かずとし	愛媛県松山市真砂町XX-X
こんどう ともあき	千葉県船橋市西習志野X-XXX-XX
ひだか ひとし	滋賀県大津市北比良XXX-X

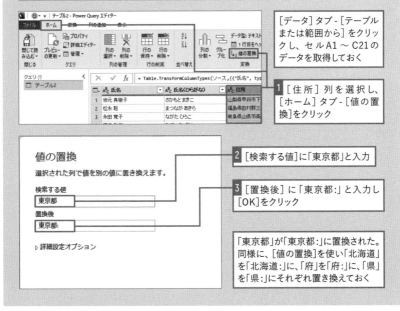

> [データ]タブ-[テーブルまたは範囲から]をクリックし、セルA1～C21のデータを取得しておく

1 [住所]列を選択し、[ホーム]タブ-[値の置換]をクリック

2 [検索する値]に「東京都」と入力

3 [置換後]に「東京都:」と入力し[OK]をクリック

> 「東京都」が「東京都:」に置換された。同様に、[値の置換]を使い「北海道」を「北海道:」に、「府」を「府:」に、「県」を「県:」にそれぞれ置き換えておく

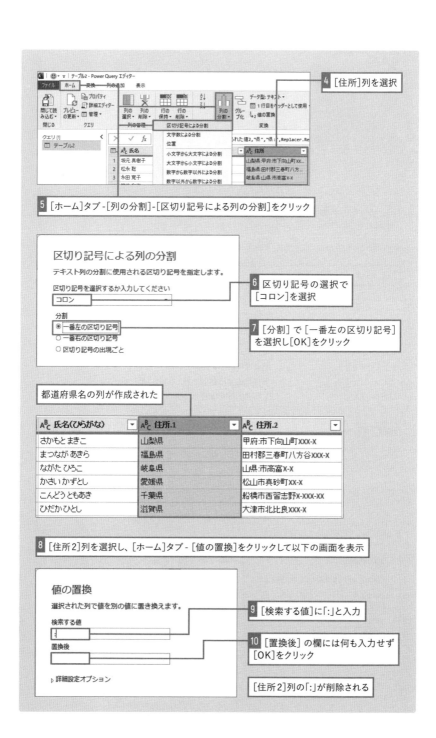

4 [住所]列を選択

5 [ホーム]タブ - [列の分割] - [区切り記号による列の分割]をクリック

区切り記号による列の分割

テキスト列の分割に使用される区切り記号を指定します。

区切り記号を選択するか入力してください

コロン

分割
- ● 一番左の区切り記号
- ○ 一番右の区切り記号
- ○ 区切り記号の出現ごと

6 区切り記号の選択で [コロン]を選択

7 [分割]で[一番左の区切り記号]を選択し[OK]をクリック

都道府県名の列が作成された

A^B_C 氏名(ひらがな)	A^B_C 住所.1	A^B_C 住所.2
さかもとまきこ	山梨県	甲府市下向山町XXX-X
まつなが あきら	福島県	田村郡三春町八方谷XXX-X
ながた ひろこ	岐阜県	山県市高富X-X
かさい かずとし	愛媛県	松山市真砂町XX-X
こんどう ともあき	千葉県	船橋市西習志野X-XXX-XX
ひだか ひとし	滋賀県	大津市北比良XXX-X

8 [住所2]列を選択し、[ホーム]タブ - [値の置換]をクリックして以下の画面を表示

値の置換

選択された列で値を別の値に置き換えます。

検索する値

置換後

▷ 詳細設定オプション

9 [検索する値]に「:」と入力

10 [置換後]の欄には何も入力せず[OK]をクリック

[住所2]列の「:」が削除される

28 「水曜日」から1文字目を抽出し「水」に変える

練習用ファイル L028_売上データ.xlsx

01 テキストを部分的に抽出して必要なデータを自在に作る

パワークエリでは[抽出]を使うことで列の値の一部を取り出すことができます。練習用ファイルのように「水曜日」から「水」を取り出す場面の他、複数の要素で構成された商品コードから各要素を取り出すときなどでも使えます。

1
「○曜日」の先頭1文字を切り出す

水曜日　　　　水

[曜日名] 列のデータを1文字目の値のみに変更する

	A	B	C
1	販売日	販売月	販売曜日
2	2023/1/4	1	水曜日
3	2023/1/4	1	水曜日
4	2023/1/5	1	木曜日
5	2023/1/5	1	木曜日
6	2023/1/5	1	木曜日
7	2023/1/6	1	金曜日
8	2023/1/6	1	金曜日
9	2023/1/6	1	金曜日
10	2023/1/8	1	日曜日
11	2023/1/9	1	月曜日
12	2023/1/9	1	月曜日
13	2023/1/10	1	火曜日
14	2023/1/11	1	水曜日

	A	B	C
1	販売日	販売月	販売曜日
2	2023/1/4 0:00	1	水
3	2023/1/4 0:00	1	水
4	2023/1/5 0:00	1	木
5	2023/1/5 0:00	1	木
6	2023/1/5 0:00	1	木
7	2023/1/6 0:00	1	金
8	2023/1/6 0:00	1	金
9	2023/1/6 0:00	1	金
10	2023/1/8 0:00	1	日
11	2023/1/9 0:00	1	月
12	2023/1/9 0:00	1	月
13	2023/1/10 0:00	1	火
14	2023/1/11 0:00	1	水

139

02 | 先頭の文字を指定した文字数だけ取り出す

　[抽出] の中には様々な抽出の方法がありますが、**[最初の文字] [最後の文字] は列の中に入力された値を「先頭から」または「後ろから」指定した文字数だけ抽出します。** このSECTIONでは「水曜日」という3文字の曜日を「水」という1文字の表記に変えていきたいので、[最初の文字を抽出する] ダイアログボックスでは [カウント] に「1」を指定します。抽出された文字が列に残り、それ以外の文字は削除されます。列の分割とは異なるので注意しましょう。

[データ]タブ-[テーブルまたは範囲から]をクリックし、
[売上データ整形済]テーブルのデータを取得しておく

`1` [曜日名]列を選択　　　　　　　　　　　　`2` [変換]タブ-[抽出]-[最初の文字]をクリック

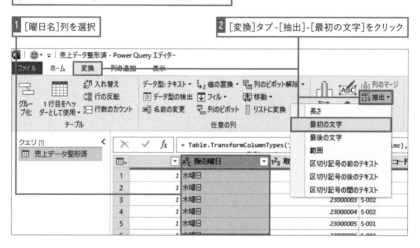

`3` [カウント]に「1」と入力

`4` [OK]をクリック

曜日名の先頭の文字だけ抽出された

	🔳 販売日	▼	1²₃ 販売月	▼	A⁴C 販売曜日	▼	1²₃ 販
1	2023/01/04 0:00:00			1	水		
2	2023/01/04 0:00:00			1	水		
3	2023/01/05 0:00:00			1	木		
4	2023/01/05 0:00:00			1	木		
5	2023/01/05 0:00:00			1	木		
6	2023/01/06 0:00:00			1	金		
7	2023/01/06 0:00:00			1	金		
8	2023/01/06 0:00:00			1	金		
9	2023/01/08 0:00:00			1	日		
10	2023/01/09 0:00:00			1	月		
11	2023/01/09 0:00:00			1	日		

[閉じて読み込む]をクリックしてシートに読み込んでおく

[列の追加]タブにも同じようなボタンが？

リボンをよく見ると、[列の追加]タブにも[抽出]ボタンがあります。[列の追加]タブには他にも、[ホーム]や[変換]タブにあるものと同じボタンがあるものが含まれています。違いは、[列の追加]タブから実行した場合には、元の列は残り、新しく追加された列に操作した結果が反映される点です。元の列が不要なのか、元の列は残したまま新たな列に必要な値を求めたいのかで使い分けましょう。

[列の追加]タブのボタンから実行すると元の列がそのまま残る

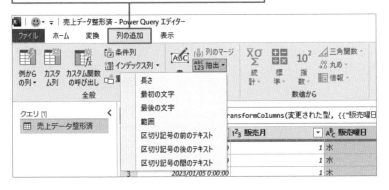

抽出の種類を的確に選ぼう

[抽出]では7つの抽出の種類を選択することができます。さらにそれぞれの種類によって指定できる[カウント]や[区切り記号]などがありますので、元の列の値と求めたい結果によって、適切なものを選択、指定しましょう。

■抽出の種類

種類	元の値	抽出される値	意味
長さ	ABCD12345	9	文字の数を抽出する
最初の文字	ABCD12345	AB（カウントに「2」を指定した場合）	文字列の先頭から指定されたカウント数の文字を抽出する
最後の文字	ABCD12345	45（カウントに「2」を指定した場合）	文字列の後ろから指定されたカウント数の文字を抽出する
範囲	ABCD12345	CD1（開始インデックスに「2」文字数に「3」を指定した場合）	インデックスは最初の文字を「0」として数え、そこから指定した文字数の文字を抽出する
区切り記号の前のテキスト	ABCD12345	ABC（区切り記号に「D」と入力した場合）	任意の文字列を「区切り記号」として指定し、それよりも前の文字を抽出する
区切り記号の後のテキスト	ABCD12345	12345（区切り記号に「D」と入力した場合）	任意の文字列を「区切り記号」として指定し、それよりも後の文字を抽出する
区切り記号の間のテキスト	ABCD12345	D123（開始区切り記号に「C」、終了区切り記号に「4」と入力した場合）	任意の文字列を「開始区切り記号」「終了区切り記号」として指定し、その間の文字を抽出する

構成要素のある商品コードから要素を取り出す

商品コードには、商品分類や色などの構成要素を含んだものがあります。例えば「商品分類」「商品名」「色」をそれぞれ表す要素を「-」でつなぐ形で商品コードが構成されており、その列から、それぞれの要素部分を取り出した列を作りたい場合にも「抽出」が使えます。以下のような場合、「商品分類」を表す先頭の2文字や、区切り記号の間にある「商品名」を表す3桁の数字は比較的簡単に抽出できますが、「色」を表す最後のアルファベットは文字数も定まっていないため抽出には少し工夫が必要です。この場合、[区切り記号の後のテキスト]ウィンドウで区切り記号に「-」を設定したら、[詳細オプション]を開き、[区切り記号のスキャン]で[入力の末尾から]を選びます。これで「-」を後ろから探しますので文字列の最後尾から区切り記号の前までの文字列を抽出することができます。

先頭の2文字は「商品分類」を表す

区切り記号「-」の間にある3桁の番号は「商品名」を表す

	A	B	C
1	商品コード ▼	商品分類 ▼	商品名
2	WL-001-B	ウォレット	コードバン長財布
3	WL-001-R	ウォレット	コードバン長財布
4	WL-002-BR	ウォレット	イタリアンレザー長財布
5	WL-002-WN	ウォレット	イタリアンレザー長財布

最後のアルファベットは「色」を表す

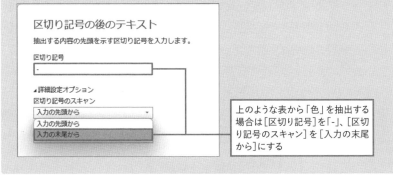

区切り記号の後のテキスト

抽出する内容の先頭を示す区切り記号を入力します。

区切り記号

-

◢詳細設定オプション
区切り記号のスキャン

入力の先頭から　▼

入力の先頭から
入力の末尾から

上のような表から「色」を抽出する場合は[区切り記号]を「-」、[区切り記号のスキャン]を[入力の末尾から]にする

文字列の置き換えや
追加をしてみよう

練習用ファイル L029_顧客一覧.xlsx

01 値の置換や文字列の追加もワンクリックで完了！

このLESSONで紹介する「値の置換」や「プレフィックスの追加」「サフィックスの追加」機能を使うと、列の中の値を変化させることができます。これらは非常にシンプルな機能でありながら様々な場面で活用できます。例えば「値の置換」では、ルールに則ったデータが入力されておらず、データの揺れを統一する必要がある場合に使用できます。「プレフィックスの追加」ではURLの表に「https://」を付けられますし、「サフィックスの追加」では今回使ったように単位を追加したい、ファイル名の後ろに拡張子を付けたいといった場合にも利用できます。

氏名の間のスペースは
半角に揃える

郵便番号は「-」で区切りたいが
半角スペースになっている

	A	B	C	D	E	F	G	H
1	顧客番号	氏名	氏名（ひらがな）	年齢	生年月日	性別	メールアドレス	郵便番号
2	1001	北野 真理子	きたの まりこ	71	19510902	女	kitano_92@example.co.jp	005 3126
3	1002	髙崎 沙織	たかさき さおり	64	19581025	女	saori_takasaki@example.co.jp	374 4647
4	1003	成田 通	なりた とおる	29	19930701	男	narita_tooru@example.ne.jp	568 1938
5	1004	川原 練子	かわはら あやこ	34	19881214	女	kawaharaayako@example.co.jp	168 4545
6	1005	鈴木 諒	すずき りょう	75	19470510	男	suzukiryou@example.jp	187 3300
7	1006	塚越 明彦	つかごし あきひこ	26	19970408	男	tsukagoshi_akihiko@example.com	596 2265
8	1007	田代 雄介	たしろ ゆうすけ	22	20000716	男	tashiro716@example.org	212 4693
9	1008	永田 靖	ながた やすし	39	19831206	男	nagata_yasushi@example.ne.jp	247 1194
10	1009	谷原 功	たにお いさお	57	19650910	男	tanio_910@example.com	153 6835
11	1010	三宅 寛	みやけ ひろし	37	19850828	男	hiroshimiyake@example.jp	148 2712
12	1011	福田 隆行	ふくだ たかゆき	32	19910202	男	fukuda_22@example.co.jp	155 3211
13	1012	水原 雄大	みずはら たけひろ	23	20000214	男	mizuhara214@example.com	355 0992
14	1013	長内 正太郎	おさない しょうたろう	46	19770123	男	osanai_shoutarou@example.ne.jp	154 2950
15	1014	佐藤 良治	さとう りょうじ	73	19490904	男	ryouji_sato@example.ne.jp	578 3242
16	1015	森下 勝子	もりした まさこ	31	19920107	女	masako_morishita@example.co.jp	468 6601
17	1016	田中 亜美	たなか あみ	26	19960811	女	ami_tanaka@example.org	328 7540
18	1017	佐野 寛久	さの ひろひさ	59	19630603	男	sano63@example.com	536 8183
19	1018	住吉 健太	すみよし けんた	42	19800426	男	kentasumiyoshi@example.ne.jp	753 0710
20	1019	青山 弘子	あおやま ひろこ	31	19910423	女	aoyama423@example.org	736 1093

顧客番号の前に「No.」
を追加したい

年齢の後ろに「才」を
付けたい

02 | 空白を別の記号に置き換える

　値の置き換えをする際は、まず対象となる列を選択します。選択されていない列は置き換えられません。今回のデータでは郵便番号の区切りにはすべて半角スペースが入力されていたため、一度の置換ですべて「-」(ハイフン) が付きましたが、**全角が混在している場合にはその行は置換されずに残ってしまいます。**その場合、検索する値として全角スペースを指定してもう一度置換を行えば、すべての行で区切り文字が「-」になります。

［データ］タブ -［テーブルまたは範囲から］をクリックし、［テーブル1］のデータを取得しておく

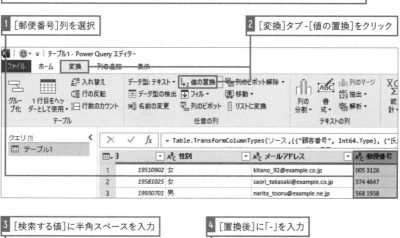

1 ［郵便番号］列を選択

2 ［変換］タブ -［値の置換］をクリック

3 ［検索する値］に半角スペースを入力

4 ［置換後］に「-」を入力

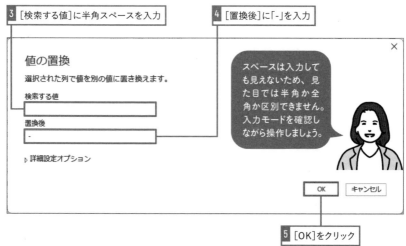

スペースは入力しても見えないため、見た目では半角か全角か区別できません。入力モードを確認しながら操作しましょう。

5 ［OK］をクリック

$^{A^B_C}$ メールアドレス	$^{A^B_C}$ 郵便番号	$^{A^B_C}$ 住所
kitano_92@example.co.jp	005-3126	北海道札幌市白石区北郷三条
saori_takasaki@example.co.jp	374-4647	群馬県前橋市城東町X-X-XX
narita_tooru@example.ne.jp	568-1938	大阪府大阪市中央区難波X-X-
kawaharaayako@example.co.jp	168-4545	東京都墨田区亀沢X-X-X
suzukiryou@example.jp	187-3300	東京都台東区浅草X-X-XX°ノル

03 半角／全角スペースの混在を解消する

　[氏名]列では間のスペースに半角と全角が混在しています。これを半角に統一するには、[値の置換]で検索する値に全角スペースを指定し、半角スペースに置き換えます。他の記号でも半角全角を統一するためによく使われる手法です。

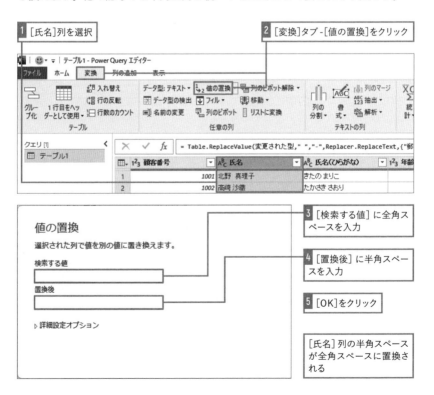

1 [氏名]列を選択

2 [変換]タブ-[値の置換]をクリック

3 [検索する値]に全角スペースを入力

4 [置換後]に半角スペースを入力

5 [OK]をクリック

[氏名]列の半角スペースが全角スペースに置換される

146

04 顧客番号の前に「No.」を表示する

現在入力されている列の値の前に、一律に何らかの値を追加する場合には「プレフィックスの追加」機能を使います。今回は顧客番号の前に「No.」を追加しましたが、それまでは数値のみの値だったため自動的に整数とされていたデータ型が、テキストに変わりました。このLESSONの内容では問題ありませんが、テキスト型のデータでは列の値を計算に使ったり、数値フィルターを適用したりできませんので注意しましょう。

1 [顧客番号]列を選択

2 [変換]タブ-[書式]-[プレフィックスの追加]をクリック

3 [値]に「No.」を入力し[OK]をクリック

プレフィックス

列のそれぞれの値の前に追加するテキスト値を入力します。

値
No.

OK キャンセル

顧客番号の先頭に「No.」が追加された

	A_C 顧客番号	A_C 氏名	A_C 氏名（ひらがな）
1	No.1001	北野 真理子	きたの まりこ
2	No.1002	高崎 沙織	たかさき さおり
3	No.1003	成田 通	なりた とおる
4	No.1004	川原 綾子	かわはら あやこ

05 年齢の後ろに「才」を表示する

　列の値の後ろに、何らかの値を追加する場合は「サフィックスの追加」を使います。今回は年齢の値に「才」を付けましたが、こちらもテキスト型に変わりました。千円単位のデータを円単位に置き換えるために、整数に「000」を追加するといった使い方も可能です。その場合、追加後の列はテキスト型になりますので整数型に変更しましょう。

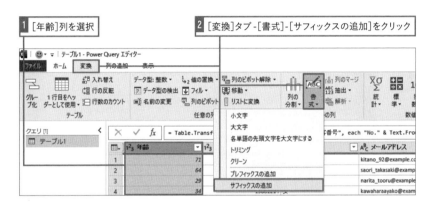

1 [年齢]列を選択
2 [変換]タブ-[書式]-[サフィックスの追加]をクリック

3 [値]に「才」を入力し[OK]をクリック

サフィックス

列のそれぞれの値の後ろに追加するテキスト値を入力します。

値
才

[OK] [キャンセル]

年齢の後ろに「才」が追加された

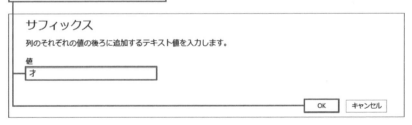

⊞ ▾	A^BC 年齢 ▾	1²3 生年月日 ▾	A^BC 性別 ▾	A^BC メールア
1	71才	19510902	女	kitano_92@e
2	64才	19581025	女	saori_takasa
3	29才	19930701	男	narita_tooru
4	34才	19881214	女	kawaharaaya
5	75才	19470510	男	suzukiryou@

[閉じて読み込む]をクリックしてシートに読み込んでおく

第 5 章

条件を指定して
行や列を操作する

この章では指定した条件で行を削除する、列の値を計算するなど、表を大きく変化させる操作を学びます。Excelシートでフィルターや関数を使って処理している操作を、クエリで繰り返すことができれば、業務効率を飛躍的に高めることができるようになります。

表に連番の列を追加する

練習用ファイル L030_テスト結果.xlsx

01 パワークエリではオートフィルが使えない

Excelのシートでは**連番を入力する際にオートフィルを使うことが多いですが、パワークエリでは[インデックス列]を使って連番を作成する**ことができます。このLESSONではテスト結果の一覧表に[出席番号]列や、[成績順位]列を追加していきます。[成績順位]列は点数順に並べ替えを行って成績順位を付けますが、[出席番号]列があることで表の並びを元に戻せます。このように**並べ替えを行うことが予測される表では、事前に初期状態で連番を振っておくと即座に元の並びに戻せて便利**です。

> [出席番号]列があると[成績順位]列を基準に
> 並べ替えを行った後で元の順番に戻せる

> 点数順に並べ替えてから連番の列
> を追加すれば[成績順位]列になる

	A	B	C		E	F	G	H
1	出席番号	氏名	氏名（ひらがな）		数学	英語	合計	成績順位
2	1	青木 晴	あおき せい	2	40	60	192	9
3	2	青山 弘子	あおやま ひろこ	10	23	57	90	28
4	3	池田 俊介	いけだ しゅんすけ	36	65	24	125	26
5	4	内田 直樹	うちだ なおき	5	81	88	234	2
6	5	小川 誠	おがわ まこと	8	77	81	196	8
7	6	長内 正太郎	おさない しょうたろう	8	82	44	174	13
8	7	川原 綾子	かわはら あやこ	36	70	37	143	22
9	8	北野 真理子	きたの まりこ	24	27	33	84	30
10	9	日下 悠	くさか ひさし		23	64	133	25
11	10	小宮 康治		68	55	211		6
12	11	佐藤 良治		88	86	257		1
13	12	佐野 寛久		26		156		19
14	13	清水 侑				149		21
15	14	鈴木 諒	すずきりょう			156		18
16	15	住吉 健太	すみよし けんた	95		199		7
17	16	高崎 沙織	たかさき さおり	75	40			16

> 大量のデータを扱う場面では、連番が必要になることは多くあります。[インデックス列]を追加して、管理しやすい表に整形しましょう。

02 テスト結果の表に［出席番号］列を作成する

［インデックス列］ボタンをただクリックすると、連番が「0」から始まることに注意しましょう。パワークエリでは何かを数える場合、「0」を基準とすることが多いため、状況に応じて調整が必要です。［1から］を選ぶと1からの連番が挿入されます。［カスタム］を使うと任意の数で連番を開始でき、指定した数ずつ増加させることもできます。

セルA1 〜 F31を選択し［データ］タブ -［テーブルまたは範囲から］をクリックしてデータを取得し、Power Queryエディターを表示しておく

1 ［列の追加］タブ -［インデックス列］-［1から］をクリック

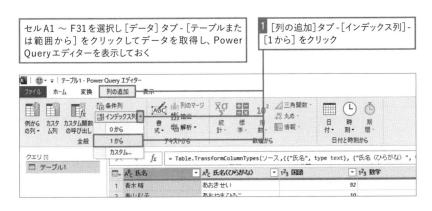

表の右端に［インデックス］列が追加された

［インデックス］列を先頭に移動し、列名を「出席番号」にしておく

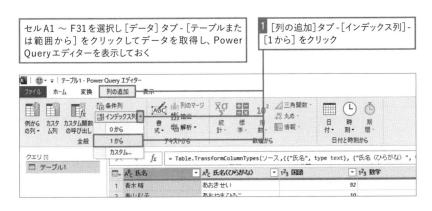

03 テスト結果の［成績順位］列を作成する

「成績順位」を求める列を作るときは、一度点数順に並べ替えを行ってからインデックス列を作成します。 これで出席番号順に並べ替えた表に戻しても、それぞれの成績順位が一目で分かるようになります。

1 ［合計］列のフィルターボタンをクリック

2 ［降順で並べ替え］をクリック

合計点が高い順に表全体が並べ変わった

3 ［列の追加］タブ - ［インデックス列］- ［1から］をクリック

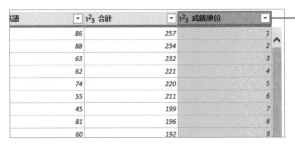

語	1²₃ 合計	1²₃ 成績順位
86	257	1
88	234	2
63	232	3
62	221	4
74	220	5
55	211	6
45	199	7
81	196	8
60	192	9

4 ［インデックス列］の名前を「成績順位」に変更

	1²₃ 出席番号	AᵇC 氏名	AᵇC 氏名（ひらがな）
1	11	佐藤 良治	さとう りょうじ
2	4	内田 直樹	うちだ なおき
3	27	松下 琴音	まつした ことね
4	23	永田 靖	ながた やすし
5	26	藤原 太輔	ふじわら たすけ
6	10	小宮 康行	こみや やすゆき
7	15	住吉 健太	すみよし けんた
8	5	小川 誠	おがわ まこと
9	1	青木 晴	あおき せい

5 ［出席番号］列のフィルターボタンをクリック

	AᵇC 氏名
A↓ 昇順で並べ替え	佐藤 良治
Z↓ 降順で並べ替え	内田 直樹
並べ替えをクリア	松下 琴音
▼ フィルターのクリア	永田 靖
空の削除	藤原 太輔
数値フィルター ▶	小宮 康行
	住吉 健太
検索	小川 誠
☑ (すべて選択)	青木 晴
☑ 1	田中 花奈
☑ 2	成田 通
☑ 3	森下 勝子
☑ 4	長内 正太郎

6 ［昇順で並べ替え］をクリック

	1²₃ 出席番号	AᵇC 氏名	AᵇC 氏名（ひらがな）
1	1	青木 晴	あおき せい
2	2	青山 弘子	あおやま ひろこ
3	3	池田 俊介	いけだ しゅんすけ
4	4	内田 直樹	うちだ なおき
5	5	小川 誠	おがわ まこと
6	6	長内 正太郎	おさない しょうたろう
7	7	川野 綾子	
8	8	北野 真理子	
9	9	日下 悠	
10	10	小宮 康行	
11	11	佐藤 良治	
12	12	佐野 寛久	
13	13	清水 侑	
14	14	鈴木 諒	すずき りょう

出席番号順に並べ替えられた

並べ替えについてはLESSON35でさらに詳細に紹介しています。Excelシートの並べ替えとは少し考え方が異なりますので、操作のポイントなどを併せてご確認ください。

インデックス列を使って商品コードを設定する

　商品などにコード番号を作成したい場合にも［インデックス列］を活用できます。例えば「S-10001」から始まる連番を商品コードとして付与したい場合、［カスタム］を選ぶと表示される［インデックス列の追加］ダイアログボックスの［開始インデックス］に「10001」を［増分］に「1」を入力します。この操作によって「10001」から始まる連番の列が作成されるため、その後［プレフィックスの追加］で「S-」を先頭に追加すれば、求める商品コードを作成できます。

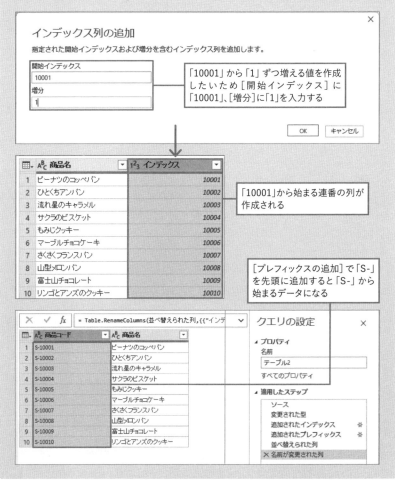

LESSON
31

表の上下にある
不要な行を削除する

練習用ファイル L031_残高試算表.xlsx

01 データとして不要な行を削除するには

　クエリを作成する際、不要な行の削除が必要になる場合があります。「L031_残高試算表.xlsx」内の試算表部分のみを読み込みたい場合、[テーブルまたは範囲から] を使って自動範囲指定で取り込むと、表の上下にある不要なデータまで取り込んでしまいます。このLESSONではこれを「行の削除」使って削除します。

1～4行目と41行目に集計に使わない
不要なデータがあるため行を削除する

N71	⌄	：	✕ ✓ fx

	A	B	C	D	E	F
1	株式会社パワークエリ					
2			残高試算表			
3			損益計算書			
4	2022/08～2023/07				（単位：円）	
5		前期残高	借方金額	貸方金額	期末残高	構成比
6	売上高	0	0	5,404,305	5,404,305	100.00%
7	【売上高合計】	0	0	5,404,305	5,404,305	100.00%
8	仕入高	0	40,920	0	40,920	0.80%
9	外注費	0	640,000	0	640,000	11.80%
10	管理料	0	660	0	660	0.00%
11	【売上原価】	0	681,580	0	681,580	12.60%
12	【売上総利益】	0	0	4,722,725	4,722,725	87.40%
13	役員報酬	0	1,050,000	0	1,050,000	19.40%
14	法定福利費	0	360,509	156,975	203,534	3.80%
15	福利厚生費	0	113,159	0	113,159	2.10%
16	接待交際費	0	122,474	0	122,474	2.30%
17	旅費交通費	0	541,028	0	541,028	10.00%
36	【特別利益合計】	0	0	0	0	0.00%
37	【特別損失合計】	0	0	0	0	0.00%
38	税引前当期純利益	0	0	1,197,689	1,197,689	22.20%
39	法人税等	0	5	0	5	0.00%
40	【当期純利益】	0	0	1,197,684	1,197,684	22.20%
41			1/1			
42						

02 行の位置を指定して削除する

［行の削除］ボタンでは、［上位の行の削除］［下位の行の削除］を使って削除する行の位置を指定できます。それぞれ、**取り込まれた行全体の上から、または下から何行を削除するのか指定します。** 表が定型的に出力される社内システムのデータなどの場合、取得する表の行数は都度変わっても、その上下の不要行の数は変わらないことが多いため、この指定の仕方が有効です。不要な行の削除ができたら、必要に応じて新たに1行目となったデータを列名としておくと良いでしょう。

> セルA1 〜 F41を選択し［データ］タブ -［テーブルまたは範囲から］をクリックしてデータを取得し、Power Queryエディターを表示しておく

1 〜 4行目と41行目に不要なデータがある

列1	列2	列3	列4	列5
1 株式会社パワークエリ	null	null	null	
2	null	null 残高試算表	null	
3	null	null 損益計算書	null	
4 2022/08〜2023/07	null	null	null	(単位:円)
5	前期残高	借方金額	貸方金額	期末残高
売上高		0	0	
40 【当期純利益】		0	0	1197684	1197
41	null	null 1/1	null	

1 ［ホーム］タブ -［行の削除］-［上位の行の削除］をクリック

2 ［行数］に「4」と入力し［OK］をクリック

上位の行の削除

先頭から削除する行の数を指定します。

行数

4

［OK］［キャンセル］

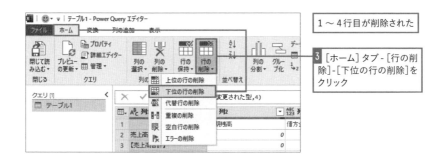

1～4行目が削除された

3 [ホーム] タブ - [行の削除] - [下位の行の削除] をクリック

4 [行数]に「1」と入力し[OK]をクリック

下位の行の削除

最後から削除する行の数を指定します。

行数

1

OK　　キャンセル

41行目に入力されていたデータが削除された

5 [ホーム]タブ - [1行目をヘッダーとして使用]をクリック

`= Table.RemoveLastN(削除された最初の行,1)`

1行目にあったデータが列名になった

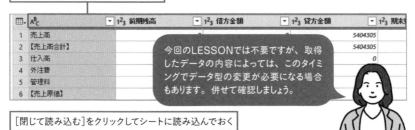

今回のLESSONでは不要ですが、取得したデータの内容によっては、このタイミングでデータ型の変更が必要になる場合もあります。併せて確認しましょう。

[閉じて読み込む]をクリックしてシートに読み込んでおく

データ範囲指定時に範囲から外すことも可能

　今回の手順では一度取り込んだ行を削除しましたが、[テーブルまたは範囲から]で範囲指定するときに必要な部分だけを指定することも可能です。ただし、クエリを繰り返し利用し、かつ表の行数が変わる可能性がある場合には、範囲指定が正しく行えないため、LESSON内容と同じ手順で不要行を削除しましょう。

[テーブルの作成]ダイアログボックスが表示された状態でセル範囲をドラッグすると取得する範囲を変更できる

［行の削除］その他の方法は？

　［行の削除］には他にも削除する行の指定方法があります。必要に応じて利用できるようにしておきましょう。

代替行の削除	削除を開始する行を指定し、それ以降の削除する行数、残す行数を指定することで、繰り返して指定した行を削除できる。1行おきに削除したい、2行削除して1行残したい、など規則的に行削除する際に使用する。
空白行の削除	すべての項目が空白の行を削除する。区切りとして入っている空白行や、現在はデータがないが編集履歴があり空のまま取り込まれた行の削除などに便利。
重複の削除	選択した列の値に重複がある場合、一番上の行を残して他の重複行を削除する。
エラーの削除	選択列にエラーのある行を削除する。

32

各月の項目名を
不要行として非表示にする

練習用ファイル L032_売上成績.xlsx

01 各月の項目名を不要行として非表示にする

Excel ブックを指定して各シートの内容を取り込んだ場合など、項目名もデータの 1 行として扱われてしまう場合があります。「L032_売上成績.xlsx」には、「月別売上成績.xlsx」の各シートを、不要列を削除して結合したクエリが作成されていますが、**項目名がデータ行として扱われており、このままでは 1 つのテーブルとして扱うことができません。データの内容によって項目名の位置や数は変わる可能性がありますので、位置を指定する［行の削除］ではなく、列の値を対象としたフィルター機能を使って非表示にします。**またデータ型がどのように判定されているかも確認し適宜調整します。

活用編 第5章 条件を指定して行や列を操作する

2行目、13行目、24行目に項目名が入力されている

	A	B	C	D	E	F
1	Name	Data.Column1	Data.Column2	Data.Column3	Data.Column4	Data.Column5
2	1月	担当者名	予算額	売上額	達成率	売上順位
3	1月	坂元 真樹子	2000	2215	1.1075	8
4	1月	松永 聡	1850	2154	1.1643	9
5	1月	永田 寛子	3300	3150	0.9545	6
9	1月				0.9291	
10	1月	加島 実咲	5200	5150	0.9904	3
11	1月	渡部 一浩	4250	5356	1.2602	2
12	1月	後藤 竜司	3850	4580	1.1896	4
13	2月	担当者名	予算額	売上額	達成率	売上順位
14	2月	坂元 真樹子	2200	2857	1.2986	8
15	2月	松永 聡	2100	2350	1.119	10
16	2月	永田 寛子	3300	6245	1.8924	1
20	2月				0.9011	
21	2月	加島 実咲	5200	3853	0.741	5
22	2月	渡部 一浩	4500	3978	0.884	4
23	2月	後藤 竜司	4000	5275	1.3188	2
24	3月	担当者名	予算額	売上額	達成率	売上順位
25	3月	坂元 真樹子	2500	3200	1.28	8
26	3月	松永 聡	2300	1975	0.8587	10
27	3月	永田 寛子	3300	2835	0.8591	9

02 フィルター機能を使って不要な行を非表示にする

　各列の**フィルターボタンを使うことで必要な行のみ抽出することができます。**今回は成績データの入った行のみ必要で、項目名の入った行は不要ですので、[予算額]列を使い「予算額」という値の入った行を非表示にします。もちろん他の列を利用しても構いませんが、**テキスト以外のデータが入る列を使うと対象が分かりやすいでしょう。**

[クエリ]タブ -[編集]をクリックし[月別売上成績]クエリをPower Queryエディターで表示しておく

1 [ホーム]タブ -[1行目をヘッダーとして使用]をクリック

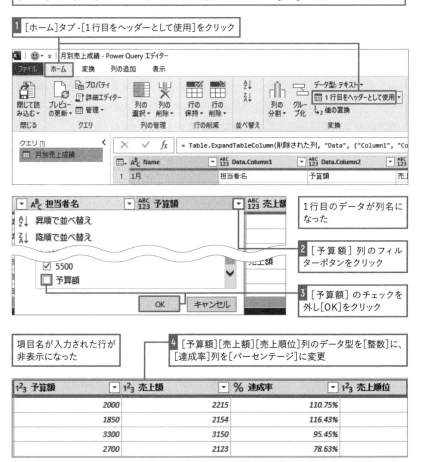

1行目のデータが列名になった

2 [予算額]列のフィルターボタンをクリック

3 [予算額]のチェックを外し[OK]をクリック

項目名が入力された行が非表示になった

4 [予算額][売上額][売上順位]列のデータ型を[整数]に、[達成率]列を[パーセンテージ]に変更

1²₃ 予算額	1²₃ 売上額	% 達成率	1²₃ 売上順位
2000	2215	110.75%	
1850	2154	116.43%	
3300	3150	95.45%	
2700	2123	78.63%	

[閉じて読み込む]をクリックしてシートに読み込んでおく

160

項目行を非表示にせずデータ型を変えると？

　Power Queryエディターが起動した直後のプレビューでは、[予算]〜[売上順位]列のデータ型は「任意」となっていました。これは列内に数値や文字列が混在していたためです。項目名の入った行を非表示にすることで列のデータ型を適切なものに変更できるようになりましたが、項目名の行が残った状態のまま、列のデータ型を変更すると、以下のように指定されたデータ型と合わない種類のデータが入ったセルに「Error」が表示されます。今回の練習用ファイルでは [行の削除] - [エラー行の削除] でも正しい表に整形できますが、他の要素で「Error」と表示されているデータの場合には意図しない動作になる可能性もあります。フィルターによるデータの抽出と、データ型の変更の手順には注意しましょう。

1^2_3 売上額	% 達成率	1^2_3 売上順位
3850	4580	118.96%	4
	Error	Error	Error
2200	2857	129.86%	8

エラーがある列を見つけるには

エラーの発生する操作をした場合、次の操作に移ったところで各列名下の帯状の部分の色が変わって、その列にエラーがあることを教えてくれます。また [表示] タブ - [データのプレビュー] グループ - [列の品質] にチェックを付けると、各列にエラーがデータ全体の何パーセントあるか、なども確認できるようになります。エラーの種類については「Error」が表示されているセルをクリックすると、プレビュー下に詳細が表示されますので参考にしながら修正しましょう。

es(昇格されたヘッダー数,{{"予算額", Int64.Type}, {"売上額", Int64.Type}, {"売上		
1^2_3 売上額	**% 達成率**	**1^2_3 売上順位**
- % ● 有効 - %	- % ● 有効 - %	- % ● 有効 - %
6% ● エラー 6%	6% ● エラー 6%	6% ● エラー 6%
- % ● 空 - %	- % ● 空 - %	- % ● 空
2000	2215	110.75‡	

重複している行を
確認して削除しよう

練習用ファイル L033_売上データ.xlsx

01 大量のデータから重複を一瞬で見つける

　大量のデータを扱っていると重複したデータが見つかることがあります。「L032_売上データ.xlsx」にあるデータの41行目と42行目を見ると、本来一意であるはずの取引コードが同じになっています。データの内容も販売日以外の値はすべて同じとなっているため、1件の取引が誤って2回登録されてしまっていると推測されます。このLESSONではこのような大量のデータの中から重複行を確認し、削除する方法を学びます。なお、今回の練習用ファイルでは、重複の有無や削除の結果を分かりやすくするため、インデックス列を作成しています。

■1つの列を選択して[重複の保持]を実行した場合

インデックス	販売日	取引先コード
40	2023/1/31	23000040
41	2023/1/31	23000041
42	2023/2/1	23000041
43	2023/2/1	23000042

↓

インデックス	販売日	取引先コード
41	2023/1/31	23000041
42	2023/2/1	23000041

重複したデータが入力されている行が表示される

■1つの列を選択して[重複の削除]を実行した場合

インデックス	販売日	取引先コード
40	2023/1/31	23000040
41	2023/1/31	23000041
42	2023/2/1	23000041
43	2023/2/1	23000042

↓

インデックス	販売日	取引先コード
40	2023/1/31	23000040
41	2023/1/31	23000041
43	2023/2/1	23000042

重複したデータが入力された行が削除される

実務で活用する場合は、取得したデータの内容によって、どの列を使って重複を見つけると効率が良いか考えながら操作しましょう。

02 [行の保持]で重複行を確認する

　[行の保持]にある[重複の保持]を実行することで、選択した列にある値のうち重複のあるものを抽出することができます。大量のデータの中から重複行を目視で見つけることは難しいため、**本来重複があってはならない列を対象として重複を見つけるためによく使われる手法**です。データ内容が誤りである可能性もありますので、ミスを見つけて修正するためにも利用できます。抽出された行の内容の確認が済んだら、[保持した重複データ]ステップを削除してデータを元の状態に戻しておきます。

[クエリ]タブ-[編集]をクリックし[テーブル1]クエリをPower Queryエディターで表示しておく

1 [取引コード]列を選択

2 [ホーム]タブ-[行の保持]-[重複の保持]をクリック

[取引コード]列に重複したデータが入力された行が表示された

次のSECTIONで重複行を削除するため[保持した重複データ]を削除しておく

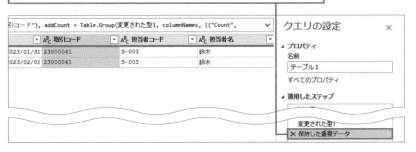

［行の保持］にあるその他の処理

［行の保持］はLESSON31で紹介した［行の削除］の逆で、指定した行を残しそれ以外を削除するために使用します。［行の保持］は位置で残す行と削除する行を決める場合に使用しますが、データの内容で決める場合にはLESSON34やLESSON35で紹介している［行のフィルター］を使います。

上位の行を保持	取得したデータ全体の先頭行から指定した行数を残し、他を削除する。
下位の行を保持	取得したデータ全体の最下行から指定した行数を残し、他を削除する。
行の範囲の保持	取得したデータ全体のうち必要な行数の範囲を指定して残し、他を削除する。
エラーの保持	エラー行のみ残す。大量のデータの中でエラーの有無やその内容を確認するときに便利。

03 ［行の削除］で重複行を削除する

重複行を削除できると判断した場合には［行の削除］から［重複行の削除］を実行します。これで**重複行全体の中で1番上にあったものを残し、下にあった重複行はすべて削除できます。**今回の重複行は2行だけでしたので、インデックス番号42の行が削除されました。必要に応じてインデックス列を作り直しておきましょう。

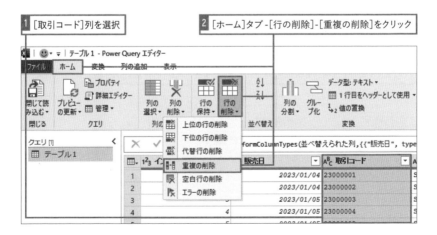

39		39	2023/01/30	23000039	
40		40	2023/01/31	23000040	
41		41	2023/01/31	23000041	
42		43	2023/02/01	23000042	
43		44	2023/02/02	23000043	
44		45	2023/02/04	23000044	

[インデックス] 列を削除し、LESSON30を参考に
再度[インデックス列]の[1から]を追加する

▦▾	1²₃ インデックス	▾	▦ 販売日	▾	Aᴮ𝒸 取引コード	▾	A
1		1	2023/01/04	23000001		
2		2	2023/01/04	23000002		
3		3	2023/01/05	23000003		
4		4	2023/01/05	23000004		
5		5	2023/01/05	23000005		
6		6	2023/01/06	23000006		

複数列を基準として重複判定することもできる

　このLESSONで扱ったデータでは、「取引コード」そのものに重複があり、すぐに重複データを見つけることができましたが、二重にデータを入力してしまい、取引コードはそれぞれに発行されてしまうことも考えられます。そのような場合でも複数列を指定して重複データを確認すれば、二重に登録されたデータを見つけることができることもあります。このLESSONのような形式のデータであれば、[担当者]～[数量]までの列を選択して[重複の保持]を実行すると、選択したすべての列の値が重複するものを抽出しますので、二重登録された可能性のある行を見つけやすくなります。

複数列選択した状態で[重複の保持]を実行すると、取引コードがそれぞれに発行されて
いたとしても二重に登録された可能性のあるデータを見つけやすい

✕ ✓ fx	= let columnNames = {"担当者コード", "担当者名", "顧客コード", "顧客分類", "顧客名", "商品コード", "商 ∨

▦▾	Aᴮ𝒸 取引コード	▾	Aᴮ𝒸 担当者コード	▾	Aᴮ𝒸 担当者名	▾	Aᴮ𝒸 顧客コード	▾	Aᴮ𝒸 顧客分類	▾
1	23000041		S-003		鈴木		T-004		問屋	
2	23000042		S-003		鈴木		T-004		問屋	

［重複行の削除］はこんな場面でも活用できる

　［重複行の削除］はこのLESSONのようにデータ自体が重複したものを削除する場合の他、過去の売上データから商品一覧を作成するなど、大量のデータから一意の値をリスト化する場合にも使われます。このLESSONで使用しているデータでも［商品コード］列を指定して重複を削除し、［商品コード］〜［単価］列を残して他の列を削除し、［商品コード］順に並べ替えれば商品マスタとして使えるデータを作成できます。

［商品コード］列を選択して［重複の削除］を実行する

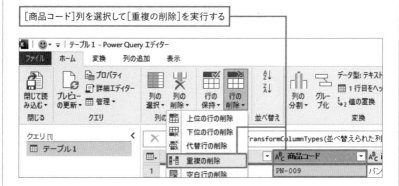

［商品コード］列で重複した行が削除された

［商品コード］［商品分類］［商品名］［単価］列以外の列を削除し、商品コード順に並べ替えると、商品一覧の表になる

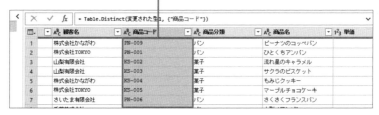

LESSON 34

期間やキーワードを指定して
必要な行を抽出しよう

練習用ファイル L034_売上データ.xlsx

01 データ型に応じたフィルターの種類を活用する

LESSON33では、列に入力された値によるデータの抽出を行いましたが、**フィルター機能にはそれ以外にも、データ型によって異なるフィルターの種類があります。**本LESSONではテキスト型で使える[テキストフィルター]と日付型で使える[日付フィルター]を使って、商品名に「クッキー」と入力されている「2月」の売上データを抽出します。

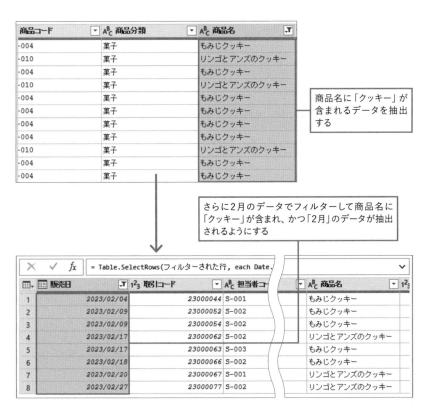

商品名に「クッキー」が含まれるデータを抽出する

さらに2月のデータでフィルターして商品名に「クッキー」が含まれ、かつ「2月」のデータが抽出されるようにする

活用編 第5章 条件を指定して行や列を操作する

167

02 テキストフィルターで「クッキー」のデータを取り出す

テキスト型の列には値の中の文字列を条件として抽出の有無を指定する「テキストフィルター」を使用できます。 このSECTIONでは値の中に「クッキー」という文字列を含むものを指定しましたが、始まりの文字列や終わりの文字列を指定することなども可能です。また今回のデータであれば[指定の値で終わる]を使用しても結果は同じですが、商品名の間に「クッキー」を含むものが今後発生する可能性も踏まえるのであれば[指定の値を含む]を使用するのが適切です。

> [データ] タブ - [テーブルまたは範囲から] をクリックし、
> セル A1 ～ L115 のデータを取得しておく

114 行のデータが読み込まれた

1 [販売日]列のデータ型を[日付]に変更

2 [商品名]列のフィルターボタンから[テキストフィルター]-[指定の値を含む]をクリック

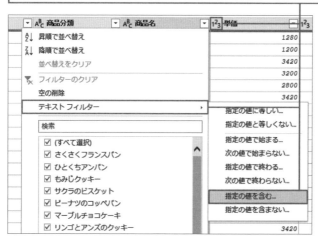

168

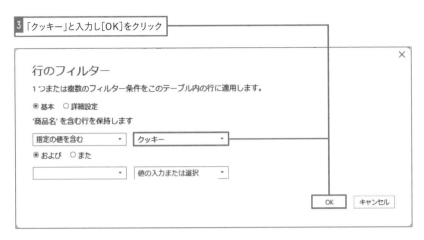

3 「クッキー」と入力し[OK]をクリック

行のフィルター

1つまたは複数のフィルター条件をこのテーブル内の行に適用します。

◉ 基本 ○ 詳細設定

'商品名' を含む行を保持します

| 指定の値を含む ▼ | クッキー ▼ |

◉ および ○ また

| ▼ | 値の入力または選択 ▼ |

OK キャンセル

「クッキー」が商品名に含まれるデータが24行抽出された

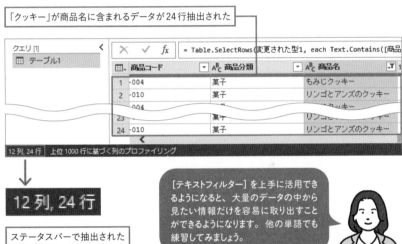

```
= Table.SelectRows(変更された型1, each Text.Contains([商品
```

	商品コード	A^BC 商品分類	A^BC 商品名
1	-004	菓子	もみじクッキー
2	-010	菓子	リンゴとアンズのクッキー
	-004		ッキー
23		菓子	リ ー
24	-010	菓子	リンゴとアンズのクッキー

12列, 24行 上位1000行に基づく列のプロファイリング

↓

12列, 24行

ステータスバーで抽出された行数が確認できる

[テキストフィルター]を上手に活用できるようになると、大量のデータの中から見たい情報だけを容易に取り出すことができるようになります。他の単語でも練習してみましょう。

---

03 日付フィルターで「2月」のデータを取り出す

　[販売日]列はデータ型を日付としていますので日付の値を条件として抽出の有無を指定する[日付フィルター]を利用できます。[日付フィルター]では次の手順のように月を指定することの他、年、四半期、週、日での指定や、指定日より前、指定日より後、指定した期間など、詳細な条件を指定できます。また、今月、先月のような相対的な指定も可能です。

1 [販売日]列のフィルターボタンから[日付フィルター]-[月]-[2月]をクリック

	販売日	取引コード	商品名	
1	2023/02/04		もみじクッキー	
2	2023/02/09		もみじクッキー	
3	2023/02/09		もみじクッキー	
4	2023/02/17		リンゴとアンズのクッキー	
5	2023/02/17		もみじクッキー	
6	2023/02/18		もみじクッキー	

商品名に「クッキー」が含まれ、かつ「2月」のデータのみ抽出された

`12 列, 8 行` 上位 1000 行に基づく列のプロファイリング

8行のデータが抽出されたことが確認できる

次の操作をすると[フィルターのクリア]はできなくなる

　Excelシート上ではフィルター機能で非表示にしたものは、いつでも後から再表示できますが、パワークエリでは再表示することはできません。SECTION02の操作が終わった段階で[販売日]列のフィルターボタンを見ると、アイコンの形でこの列でフィルターされていることがすぐに分かりますが、[商品名]列のフィルターボタンは元に戻っており、クリックしても[フィルターのクリア]というメニューが表示されません。フィルターの結果は次の操作をした時点で確定しますので、ステップの削除はできてもフィルターは解除できなくなるので注意しましょう。また、直前に行ったフィルターを[フィルターのクリア]で解除した場合も、そのステップが[適用したステップ]から削除されます。このLESSONの例で、1月や3月のデータを抽出するクエリも作成したいのであれば、[販売日]列をフィルターする前の段階で一度クエリを読み込んでおき、そのクエリを参照しながら1月〜3月のクエリをそれぞれ作成するなどの工夫が必要になります。クエリの参照についてはLESSON44で詳しく紹介します。

日付フィルターの「次の…」「前の…」とは？

[日付フィルター] の項目は見るだけで使い方が分かるものが多いのですが、「次の…」「前の…」は使い方に迷うかもしれません。これは、今日から見て次の日から何日分のデータを抽出したい、といったときに使用します。例えば予約情報を1つの表で管理しており、毎日の終業時に翌日から3日分の予約情報を取り出してリストを作成しているのであれば、[次の…] を使用して [行のフィルター] ダイアログボックスを開き、「3」「日」と指定することで必要な情報を抽出するクエリを作成できます。単位は「日」だけでなく週や月、四半期、年、また時刻での指定も可能ですので、決まった期間の情報を定期的に取り出す場合に便利です。

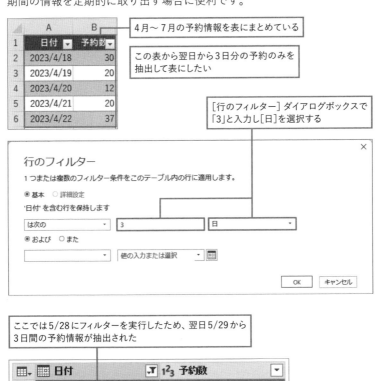

171

その他のフィルターと詳細設定について

　その他、データ型に依存するフィルター機能には［数値フィルター］が
あります。これは列内の値を参照し、指定した値以上、指定した値以下、
指定した値の間などの条件で抽出の有無を判定するものです。［時刻フィ
ルター］もありますが、考え方は［日付フィルター］と同じです。それぞれ
のフィルターは［行のフィルター］ダイアログボックスで詳細を指定でき
ますが、「および」「また」で条件を複数設定することも可能です。「および」
の場合には両方の条件に当てはまった場合を抽出する AND 条件、「また」
の場合はどちらかの条件に当てはまった場合を抽出する OR 条件が指定さ
れます。さらに［詳細設定］を選ぶと、他の列を使った条件を追加するこ
ともできます。今回の LESSON の例であれば［列］「商品名」-［演算子］「指
定の値を含む」-［値］「クッキー」および［列］「販売日」-［演算子］「月単位」
-［値］「2月」で同じ結果を求めることができます。

行のフィルター

1つまたは複数のフィルター条件をこのテーブル内の行に適用します。

● 基本　○ 詳細設定

'商品名' を含む行を保持します

| 指定の値を含む ▼ | 値の入力または選択 ▼ |

● および　○ また

| ▼ | 値の入力または選択 ▼ |

> 「および」は両方の条件に当てはまった場合を抽出する

> 「また」はどちらかの条件に当てはまった場合を抽出する

［列］は［商品名］、［演算子］は［指定の値を含む］を選択し、［値］に「クッキー」と入力すると「クッキー」と入力されたデータが抽出される

行のフィルター

1つまたは複数のフィルター条件をこのテーブル内の行に適用します。

○ 基本　● 詳細設定

次の場合、行を保持します

および/または	列	演算子	値
	商品名 ▼	指定の値を含む ▼	クッキー ▼
お… ▼	販売日 ▼	月単位 ▼	2月 ▼

［および］を選択し［列］は［販売日］、［演算子］は［月単位］、［値］は［2月］を選択すると、さらに2月のデータが抽出される

LESSON 35

見たい順序に
データを並べ替えるには

01 並べ替えの使い所を覚えよう

「L35_売上成績.xlsx」には担当者の3か月分の売上成績データが収められています。このデータを、月別に売上の多い順に並べ替える操作を行います。並べ替えは大量のデータから欲しいデータを見つけやすくするためによく行われます。**並べ替えの基準となる列を指定して「昇順」または「降順」に並べ替えることはExcelシートでも行われますが、複数列を基準にした場合の挙動など、結果が異なるものもありますので確認しながら操作しましょう。**また、[行のフィルター]と同じく、**並べ替え後に他の操作をすると並べ替えを解除できなくなり、元通りの順序にすることが難しくなりますので、事前にインデックス列を作成して操作することをお勧めします。**

最初に[売上月]列を
昇順で並べ替える

[売上月]列を並べ替えた後
[売上額]を降順で並べ替える

	A	B	C	D	E	F
1	売上月	担当者名	予算額	売上額	達成率	売上順位
2	1月	坂元 真樹子	2,000	2,215	110.8%	8
3	1月	松永 聡	1,850	2,154	116.4%	9
4	1月	永田 寛子	3,300	3,150	95.5%	6
5	1月	笠井 和俊	2,700	2,123	78.6%	10
6	1月	近藤 智明	4,200	5,850	139.3%	1
7	1月	日高 均	3,850	2,557	66.4%	7
8	1月	近藤 奈津美	4,550	4,230	93.0%	5
9	1月	加島 実咲	5,200	5,150	99.0%	3
10	1月	渡部 一浩	4,250	5,356	126.0%	2
11	1月	後藤 竜司	3,850	4,580	119.0%	4
12	2月	坂元 真樹子	2,200	2,857	129.9%	8

02 [売上月]列を昇順に並べ替える

　今回は、1〜3月それぞれに売上額が大きい順に並んだ表を作成します。この場合、基準となる列が[売上月]と[売上額]の2列になります。一度に指定して並べ替えることができないため1列ずつ並べ替えますが、**Excelシートでの並べ替えとは逆に、優先される基準となる[売上月]から先に並べ替えを行います。** リボンのボタンを使って並べ替えるときは事前に対象列を選択することを忘れないようにしましょう。また、[売上月]列を並べ替えると、行が入れ替わっていることがインデックス列から読み取れます。Excelシートでの並べ替え操作では起きない現象ですが、パワークエリはプレビューで見ている値以外にも、データに情報を紐づけて管理しており、ユーザーからは分かりにくい挙動が起きる場合もあります。このため、並べ替えを使用するときはインデックス列を事前に作成するなどして元に戻せるようにしておきましょう。

[データ]タブ -[テーブルまたは範囲から]をクリックし、[月別売上成績]テーブルを取得しておく

1 [売上月]列のデータ型を[テキスト]に変更

LESSON30を参考に[インデックス列]の[1から]を追加し、先頭に移動する

2 [売上月]列を選択

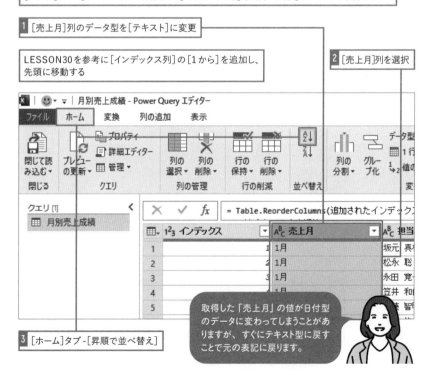

3 [ホーム]タブ -[昇順で並べ替え]

取得した「売上月」の値が日付型のデータに変わってしまうことがありますが、すぐにテキスト型に戻すことで元の表記に戻ります。

⊞▾	1²₃ インデックス ▾	A♭C 売上月 ▾↑	A♭C 担当者名 ▾	1²₃ 予算額
1	5	1月	近藤 智明	
2	10	1月	後藤 竜司	
3	7	1月	近藤 奈津美	
4	3	1月	永田 寛子	
5	9	1月	渡部 一浩	
6	2	1月	松永 聡	
7	4	1月	笠井 和俊	
8	6	1月	日高 均	
9	8	1月	加島 実咲	
10	1	1月	坂元 真樹子	
11	16	2月	日高 均	
12	13	2月	永田 寛子	
13	12	2月	松永 聡	

03 ［売上額］列を降順に並べ替える

　2番目の基準となる［売上額］の列を降順に並べ替えてみましょう。操作は列名の脇にあるフィルターボタンからも行えます。先に並べ替えた［売上月］列の順はそのままに、それぞれの月の中で大きな値から順に行を並べ替えることができました。［売上順位］の列を見ると、それぞれの月の売上順位が1～10まで並んでいますので、正しく並べ変わったことが確認できます。またそれぞれの列名のそばには「1」「2」と番号が表示され、どんな優先順位で並べ替えが行われているかを確認することができます。

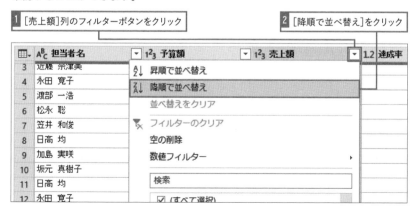

1 ［売上額］列のフィルターボタンをクリック　　　　2 ［降順で並べ替え］をクリック

⊞▾	A♭C 担当者名 ▾	1²₃ 予算額 ▾	1²₃ 売上額 ▾	1.2 達成率
3	近藤 奈津美		A↓ 昇順で並べ替え	
4	永田 寛子		Z↓ 降順で並べ替え	
5	渡部 一浩		並べ替えをクリア	
6	松永 聡		▼ᵪ フィルターのクリア	
7	笠井 和俊		空の削除	
8	日高 均		数値フィルター　　　　　　　　　▶	
9	加島 実咲			
10	坂元 真樹子		検索	
11	日高 均			
12	永田 寛子		☑ (すべて選択)	

売上額を基準に降順で並べ替えられた

	ABC 売上月	1↑	ABC 担当者名	▼	1²₃ 予算額	▼	1²₃ 売上額	2↓
1	1月		近藤 智明			4200		5850
2	1月		渡部 一浩			4250		5356
3	1月		加島 実咲			5200		5150
4	1月		後藤 竜司			3850		4580
5	1月		近藤 奈津美			4550		4230
6	1月		永田 寛子			3300		3150

並べ替えを実行した列は列名のそばには「1」「2」と番号が表示され、
並べ替えの優先順位が確認できる

ABC 売上月	1↑	1²₃ 売上額	2↓
1月			5850
1月			5356
1月			5150

ここもポイント！

💡 並べ替えの解除とそのタイミング

　並べ替えの解除は、並べ替えを行った列のフィルターボタンから［並べ替えのクリア］で行うことができます。並べ替えを行った順とは関係なく解除することができます。今回のLESSONのように、2つの列を軸に並べ替えを続けて行った場合、ステップとしては1つにまとめられていますが、2つともの並べ替えを解除した時点でステップは削除されます。また、［行の削除］と同様に次の操作を行った時点で、並べ替えの解除はできなくなりますが、［並べ替えられた行］ステップを削除することは可能です。

並べ替え後［達成率］列を削除すると［売上月］列と［売上額］列の
フィルターボタンが元の表示に戻る

ABC 売上月	▼	1²₃ 売上額	▼
1月			5850
1月			5356
1月			5150
1月			4580

連番を活用して重複行の削除で下の行を削除するには

　LESSON33で解説している重複行の削除を行った際、上の行ではなく下の行を削除したいこともあるでしょう。そのときに並べ替えを使って残したい行を上に持ってくることができれば良いのではないかと考えますが、パワークエリは元の位置関係を管理しており、[重複の削除]などの際にはそちらを使って判断してしまうことがあります。この例のように元は下にあった行を残したい場合には、並べ替えたデータをいったんテーブルとして読み込んで、そのテーブルを元に再度クエリを作成することで、下にあった行を残すことができます。

[[インデックス]列の7と8の行に重複したデータが入力されている]

[[インデックス]列で降順に並べ替えておく]

1 [取引コード]列を選択し[ホーム]タブ-[行の削除]-[重複の削除]をクリック

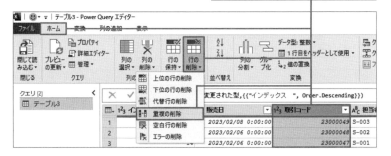

[[インデックス]列の8の行が削除された]

ステップから[削除された重複]を削除し[閉じて読み込む]をクリックする

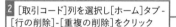

[データ]タブ -[テーブルまたは範囲から]をクリックし、
読み込まれたテーブルを取得しておく

	A	B	C	D	E
1	インデックス ▼	販売日 ▼	取引コード ▼	担当者コード ▼	担当者名 ▼ 顧
2	16	2023/2/8 0:00	23000049	S-003	鈴木	T-
3	15	2023/2/6 0:00	23000048	S-002	山田	K-
4	14	2023/2/6 0:00	23000047	S-001	佐藤	T-
5	13	2023/2/5 0:00	23000046	S-001	佐藤	T-
6	12	2023/2/5 0:00	23000045	S-002	山田	K-
7	11	2023/2/4 0:00	23000044	S-001	佐藤	T-

2 [取引コード]列を選択し[ホーム]タブ -
[行の削除]-[重複の削除]をクリック

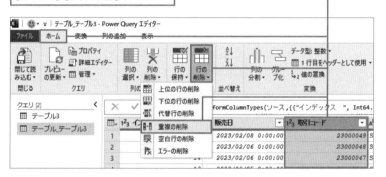

[インデックス]列の7の行が削除された

8	9	2023/02/01 0:00:00	23000042
9	8	2023/02/01 0:00:00	23000041
10	6	2023/01/31 0:00:00	23000040
11	5	2023/01/30 0:00:00	23000039
12	4	2023/01/29 0:00:00	23000038

[重複の削除]では重複行のうち一番上の行が
残りますが、「一番上」と判断されるのは取得し
た時点で一番上の行です。プレビューとは異な
る場合がありますので注意しましょう。

単価と数量を元に価格を計算しよう

練習用ファイル L036_売上データ.xlsx

01 データを元に四則演算した列を追加する

パワークエリでは四則演算などの簡単な計算を行うことができます。**今ある列を上書きして計算結果を表示する場合には [変換] タブ、新たに追加した列に計算結果を求める場合には [列の追加] タブから、それぞれ [標準] ボタンを使って計算方法を選択**します。このLESSONでは、[単価]と[数量]の列を掛け算して[価格]列を作成し、さらにその消費税額を求める列を作成します。

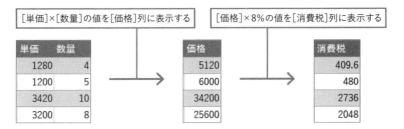

加算	選択した列の値を合計した結果を求める。1列のみ選択している場合は加算したい数値を指定できる。
乗算	選択した列の値を掛けた結果を求める。1列のみ選択している場合は掛ける数値を指定できる。
減算	最初に選択した列の値から次に選択した列の値を引いた結果を求める。1列のみ選択している場合は引く数値を指定できる。
除算	最初に選択した列の値を次に選択した列の値で割った結果を求める。1列のみ選択している場合は割る数値を指定できる。
除算(整数)	[除算]と同じだが、結果が整数位に切り捨てられる。
剰余	最初に選択した列の値を、次に選択した列の値もしくは指定した値で割ったときの余りを求める。
パーセンテージ	選択した列に対して指定したパーセントの値を求める。通常の計算であれば「8%」は「8」と入力して指定する。
次に対するパーセンテージ	選択した列の値が、指定した値に対して何パーセントになるかを求める。

02 単価と数量を乗算して［価格］列を作成する

新たな列を作成したいので［列の追加］タブを使って［乗算］を実行します。［単価］列と［数量］列を選択することでそれぞれの列の値を掛け算することができます。作成された列の名前は使用した計算の種類が自動的に設定されるため、分かりやすい名前に変更しましょう。

［クエリ］タブ-［編集］をクリックし［テーブル1］クエリをPower Query エディターで表示しておく

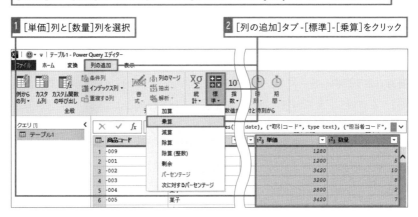

1 ［単価］列と［数量］列を選択

2 ［列の追加］タブ-［標準］-［乗算］をクリック

［乗算］列が追加された

品名	1²₃ 単価	1²₃ 数量	1²₃ 乗算
ナツのコッペパン	1280	4	5120
くちアンパン	1200	5	6000
星のキャラメル	3420	10	34200
ラのビスケット	3200	8	25600
じクッキー	2800	2	5600
ブルチョコケーキ	3420	7	23940

［乗算］列の列名を「価格」に変更しておく

品名	1²₃ 単価	1²₃ 数量	1²₃ 価格
ナツのコッペパン	1280	4	5120
くちアンパン	1200	5	6000
星のキャラメル	3420	10	34200
ラのビスケット	3200	8	25600
じクッキー	2800	2	5600
ブルチョコケーキ	3420	7	23940

03 | 価格を元に [消費税] 列を作成する

前のSECTIONと同じく [列の追加] タブから [乗算] を実行しますが、選択し
ておくのは [価格] 列のみです。**1列のみ選択して [標準] ボタンから計算の種類
を選択すると、ダイアログボックスが表示されるので、そこに計算させたい値を
入力します。**今回は「8%」と入力することで、選択した列の値に「8%」を掛けた
結果が新しい列に表示されます。手順では [乗算] を使って新しい列を作成しま
したが、**[パーセンテージ] を使うことも可能**です。その場合は指定する値を「8」
とします。作成された列の名前を分かりやすいものに変更しましょう。消費税額
には小数点以下の端数も発生しているため、データ型が「10進数」となっている
ことも確認しておきましょう。

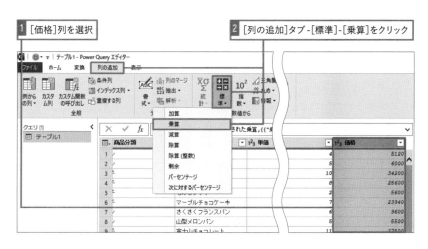

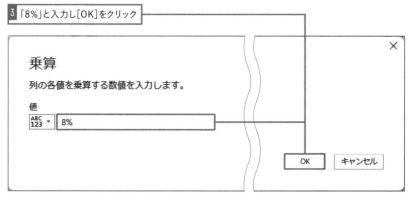

[乗算]列が追加されて
消費税額が計算された

単価 ▼	1²₃ 数量 ▼	1²₃ 価格 ▼	1.2 乗算 ▼
1280	4	5120	409.6
1200	5	6000	480
3420	10	34200	2736
3200	8	25600	2048
2800	2	5600	448
3420	7	23940	1915.2

列名を[消費税]に変更しておく

さらに上達!

[剰余]を使って金種表を作る

　除算したときの余りを求める[剰余]を使うと、計算するのが面倒な金種表を作成することができます。この例では計算過程を分かりやすくするために「1万以下」や「5千以下」の列を残していますが、これが[剰余]を使って求められた列です。[支払額]列を[剰余]で「10000」を指定することで[1万以下]の列が作成できます。実務で使う場合これらの列は最後に削除する方が使いやすいでしょう。

[支払額]列を選択し[徐算(整数)]で「10000」を指定

[1万円以下]列を選択し[徐算(整数)]で「5000」を指定

	A	B	C	D	E	F	G
1	氏名 ▼	支払額 ▼	万札 ▼	1万以下 ▼	5千円札 ▼	5千以下 ▼	千円札 ▼
2	金野 純子	13000	1	3000	0	3000	3
3	鶴田 茂夫	22000	2	2000	0	2000	2
4	渡辺 里佳	18000	1	8000	1	3000	3
5	金森 麻衣子	3000	0	3000	0	3000	3
6	水野 久美子	25000	2	5000	1	0	0
7	三井 綾子	19000	1	9000	1	4000	4
8	佐藤 智樹	11000	1	1000	0	1000	1
9							
10							

[支払額]列を選択し[剰余]で「10000」を指定

[1万円以下]列を選択し[剰余]で「5000」を指定

消費税額の端数を
切り捨てよう

練習用ファイル L037_売上データ.xlsx

01 小数点以下の端数を処理するには

「L037_売上データ.xlsx」のクエリを開くと、[消費税]列に端数があることが確認できます。消費税の端数にどんな処理を行うかは会社によってルールが異なりますが、このLESSONでは[消費税]列の値の端数を切り捨てた列を新たに作成します。パワークエリでは[丸め]という機能で端数処理を行います。[切り上げ][切り捨て][四捨五入]の3種類の丸め方については下表を参考にしてください。

単価	数量	価格	消費税	切り捨て
1280	4	5120	409.6	409
1200	5	6000	480	480
3420	10	34200	2736	2736
3200	8	25600	2048	2048
2800	2	5600	448	448
3420	7	23940	1915.2	1915
1600	6	9600	768	768
1100	5	5500	440	440
2500	11	27500	2200	2200
1280	1	1280	102.4	102
1200	10	12000	960	960
3200	1	3200	256	256
2990	4	11960	956.8	956

[消費税]列の端数を切り捨てた
値を[切り捨て]列に表示する

切り上げ	選択した列の値を整数位に切り上げる。位の指定はない。
切り捨て	選択した列の値を整数位に切り捨てる。位の指定はない。
四捨五入	選択した列の値を、位を指定しながら偶数丸めする。偶数丸めについては185ページの「さらに上達」で詳細を参照。

02 ［丸め］ボタンで整数位に端数処理する

Excelのシートでは切り上げはROUNDUP関数、切り捨てはROUNDDOWN関数を使い、処理する位を指定しますが、**パワークエリの［切り捨て］［切り上げ］では位の指定はせず、結果は必ず整数位となるように処理されます。**このLESSONでは元の値と結果を比較しやすいように［列の追加］タブにある［丸め］ボタンを使って新規列を作成しましたが、実務では［変換］タブにある［丸め］ボタンを使って［消費税］列を書き換える方が一般的です。

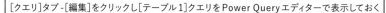

［クエリ］タブ -［編集］をクリックし［テーブル1］クエリをPower Queryエディターで表示しておく

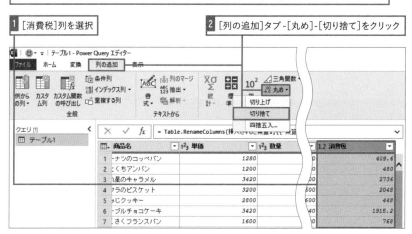

① ［消費税］列を選択

② ［列の追加］タブ -［丸め］-［切り捨て］をクリック

［切り捨て］列が追加された

	¹²₃ 価格		1.2 消費税		¹²₃ 切り捨て	
4	5120		409.6		409	
5	6000		480		480	
10	34200		2736		2736	
8	25600		2048		2048	
2	5600		448		448	
7	23940		1915.2		1915	
6	9600		768		768	
5	5500		440		440	
11	27500		2200		2200	
1	1280		102.4		102	
10	12000		960		960	

［四捨五入］では桁数を指定できる

［四捨五入］ダイアログボックスでは、偶数丸め実行後に表示する小数点以下の桁数を指定できますが、負の数値を使うことで整数位の桁数を指定することもできます。例えば「2」と指定すると小数点以下2位まで表示されますが、「-2」を指定すると百の位に丸められた結果が求められます。

「2」と指定すると小数点以下2位まで表示される

「-2」を指定すると百の位に丸められる

	A	B	C
1	列1 ▼	四捨五入（2）▼	四捨五入（-2）▼
2	1234.567	1234.57	1200

さらに上達！

パワークエリの「四捨五入」について

パワークエリの［四捨五入］は「偶数丸め」と呼ばれ、一般的に「四捨五入」と呼ばれるものと処理の仕方が異なります。偶数丸めでは「13.5」を小数点第一位で四捨五入した場合、結果は「14」となりますが、「12.5」は「12」となり五捨六入処理となります。「偶数丸め」と呼ばれるのは、このように結果が必ず偶数になるように処理されるためです。大量のデータを一般的な四捨五入で処理した場合、切り上げられる数の方が「5:4」の割合で多くなるため、合計した際の結果がデータが増えるごとに元の数の合計よりも大きくなってしまいます。それを防ぐために使われるのが偶数丸めです。金利の計算などでも偶数丸めが使われることが多く、「銀行丸め」とも呼ばれています。

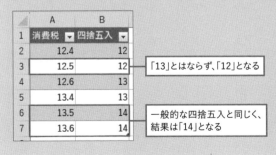

	A	B
1	消費税 ▼	四捨五入 ▼
2	12.4	12
3	12.5	12
4	12.6	13
5	13.4	13
6	13.5	14
7	13.6	14

「13」とはならず、「12」となる

一般的な四捨五入と同じく、結果は「14」となる

列の値を条件とした
新しい列を作成する

練習用ファイル L038_テスト結果.xlsx

01 ［条件列］で成績の「優秀」「合格」「再試験」を判定する

　［条件列］とは、すでにある列を対象とした条件を作成し、それに当てはまった場合とそれ以外の場合の結果をそれぞれ指定できる機能です。大量のデータの中から、一定の条件に当てはまった行に指定した値を入力したいといった場合などにも利用します。このLESSONでは、テスト結果の合計点が200点以上の人に「優秀」、200点未満160点以上の人に「合格」、それ以外の人に「再試験」と表示される列を作成してみましょう。

> ［合計］列が200以上は「優秀」、160以上は「合格」、それ以外は
> 「再試験」と表示される［判定］列を追加する

C	D	E	F	G	H	
氏名（ひらがな）	国語	数学	英語	合計	成績順位	判定
あおき せい	92	40	60	192	9	合格
あおやま ひろこ	10	23	57	90	28	再試験
いけだ しゅんすけ	36	65	24	125	26	再試験
うちだ なおき	65	81	88	234	2	優秀
おがわ まこと	38	77	81	196	8	合格
おさない しょうたろう	48	82	44	174	13	合格
かわはら あやこ	36	70	37	143	22	再試験
きたの まりこ	24	27	33	84	30	再試験
くさか ひさし	46	23	64	133	25	再試験
こみや やすゆき	88	68	55	211	6	優秀
さとう りょうじ	83	88	86	257	1	優秀
さの ひろひさ	55	26	75	156	19	再試験
しみず ゆう	35	35	79	149	21	再試験

02 | 成績優秀者を確認できる列を作成する

[条件列の追加] ダイアログボックスでは条件と結果を指定します。**[列名] で選んだ列の値と、[値] に入力または選択した値を [演算子] で選択した内容で比較することで [条件] を作成**します。そして **[出力] に指定した値が [結果] として作成される列の値となります。** また [句の追加] から条件を複数設定することもできます。[値] と [出力] は数値や文字列を入力することの他、枠の前にある 123 ボタンを切り替えることで列名を選択することもできます。

[クエリ]タブ -[編集]をクリックし[テーブル1]クエリをPower Queryエディターで表示しておく

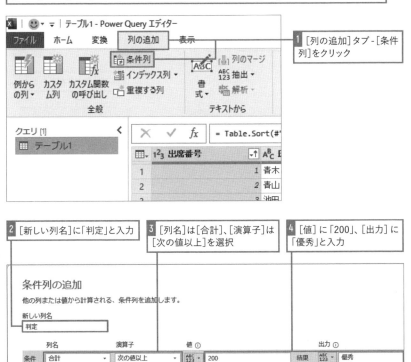

1 [列の追加]タブ -[条件列]をクリック

2 [新しい列名]に「判定」と入力

3 [列名]は[合計]、[演算子]は[次の値以上]を選択

4 [値]に「200」、[出力]に「優秀」と入力

5 [句の追加]をクリック

6 [列名]は[合計]、[演算子]は[次の値以上]を選択　　**7** [値]に「160」、[出力]に「合格」と入力

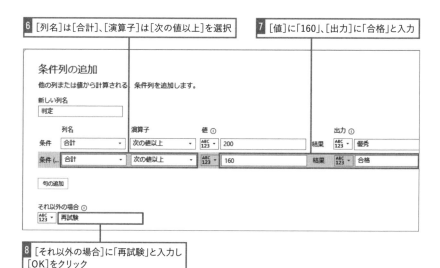

8 [それ以外の場合]に「再試験」と入力し
[OK]をクリック

[判定]列が作成された

▼ 1²₃ 合計	▼ 1²₃ 成績順位	▼ ABC123 判定	▼
60	192	9	合格
57	90	28	再試験
24	125	26	再試験
88	234	2	優秀
81	196	8	合格
44	174	13	合格
37	143	22	再試験
33	84	30	再試験

[合計]列が200以上は「優秀」、160以上は「合格」、それ以外は「再試験」と入力された

ここもポイント!

「句の追加」の順番は?

　[句の追加]を使うことで、IF関数をネストさせるときのように、条件を増やして結果を分岐させていくことができます。この条件は上にあるものが優先されますので、優先したいものから順に追加をしていくのが良いのですが、結果の右端にある[…]から上や下に移動させることもできますので、順序を誤った場合には上下位置を変更しましょう。

［演算子］の使い方

　［条件列］を使いこなすには、演算子の使い方がポイントになります。［列］を左辺、［値］を右辺と考えながら、２つを比較する式を条件として作成すると考えると分かりやすいでしょう。

演算子	IF関数の場合の表記	意味
指定の値に等しい	=	［列］と［値］が等しい場合。数値・文字列とも利用可能。
指定の値と等しくない	<>	［列］と［値］が等しくない場合。数値・文字列とも利用可能。
次の値より大きい	>	［列］が［値］より大きい場合。数値のみ利用可能。
次の値以上	>=	［列］が［値］より大きい、または等しい場合。数値のみ利用可能。
次の値より小さい	<	［列］が［値］より小さい場合。数値のみ利用可能。
次の値以下	<=	［列］が［値］より小さい、または等しい場合。数値のみ利用可能。

 ここもポイント！

「それ以外の場合」に何も入力しないと？

　［それ以外の場合］には何も入力しないままにすることもできます。その場合は「空白」という扱いになりますので、プレビュー上では条件に当てはまらなかった行には「null」が表示されます。ただしExcelシートにテーブルとして読み込んだ際は空白になります。「null」については116ページで説明しています。

LESSON 39

複雑な計算や条件に応じた値の列を作成してみよう

練習用ファイル L039_生産管理表.xlsx

01 複雑な計算をさせるには［カスタム列］を使う

［**カスタム列**］とは、ユーザーが任意の数式を編集しその答えを求めることの**できる列**です。シンプルな四則演算であれば［標準］ボタンから行えますが、複雑な式には対応できません。［**カスタム列**］**ダイアログボックスでは、列名を参照しながら式を編集することができるので、四則演算を繰り返すような複雑な式を作ることも可能**です。このLESSONでは、生産管理表にある［1月］～［3月］の合計を［第一四半期予定数］で割って［達成率］を求めていきます。その後［条件列］機能を使って［判定］列を作成し、達成率が「100%」以上の場合「達成」の文字を表示しましょう。

［1月］［2月］［3月］の合計を［第一四半期予定数］で割り［達成率］を求める

	A	B	C	D	E	F	G	H
1	商品名 ▼	第一四半期予定数 ▼	1月 ▼	2月 ▼	3月 ▼	達成率 ▼	判定 ▼	
2	商品A	500	158	224	150	1.064	達成	
3	商品B	1200	387	423	357	0.9725		
4	商品C	2500	857	1223	245	0.93		

［達成率］の値が「100%」以上の場合に「達成」と表示する

> ［1月］～［3月］の合計を求めた列を作成してからであれば、除算だけで達成率を求めることができますが、このLESSONでは合計列を作成せずに達成率を求めるため、［カスタム列］を使用します。

02 ［カスタム列］で加減乗除を行うには

［カスタム列］ダイアログボックスでは、新しい列の名前と作成したい式を指定することができます。**［使用できる列］の囲みから使いたい列名をダブルクリック、または選択して［<<挿入］ボタンで列を参照しながら式を作成**します。「+」「-」「*」「/」が加減乗除を表しますので、必要に応じてキーボードから入力します。ダイアログボックスの左下に表示されるエラーを確認しながら正しく式を入力しましょう。

[クエリ]タブ -[編集]をクリックし[テーブル1]クエリをPower Queryエディターで表示しておく

1 [列の追加]タブ -[カスタム列]をクリック

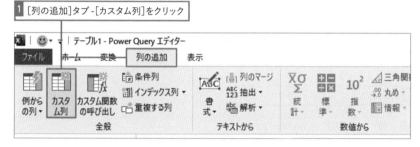

2 [新しい列名]に「達成率」と入力　　　　　列名は[使用できる列]からダブルクリックで挿入できる

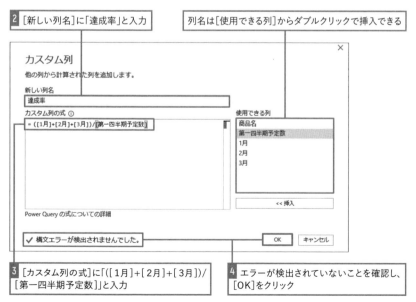

3 [カスタム列の式]に「(（［1月］+［2月］+［3月］)/［第一四半期予定数］」と入力

4 エラーが検出されていないことを確認し、[OK]をクリック

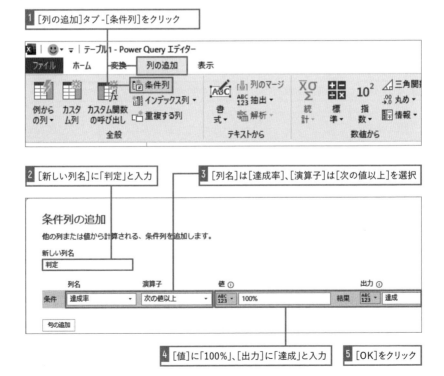

[達成率]列が作成された　　　5 データ型を[パーセンテージ]に変更

	▾ ABC 123 2月	▾ ABC 123 3月	▾	% 達成率	▾
158	224	150			106.40%
387	423	357			97.25%
857	1223	245			93.00%

03　条件に当てはまったときだけ値を表示する

[条件列]を使うことで一定の条件に当てはまったときに特定の値を表示する列を追加できます。このSECTIONでは、[達成率]が100%以上の場合「達成」と表示される列を追加しています。今回は特に指定しませんでしたが、[それ以外の場合]に値を入力すると、指定した条件に当てはまらなかった場合にもその値を表示させることができます。

1 [列の追加]タブ -[条件列]をクリック

2 [新しい列名]に「判定」と入力　　　3 [列名]は[達成率]、[演算子]は[次の値以上]を選択

条件列の追加

他の列または値から計算される、条件列を追加します。

新しい列名

判定

	列名	演算子	値 ①		出力 ①
条件	達成率　▾	次の値以上　▾	ABC 123 ▾ 100%	結果	ABC 123 ▾ 達成

句の追加

4 [値]に「100%」、[出力]に「達成」と入力　　　5 [OK]をクリック

ABC 123 3月	% 達成率	ABC 123 判定
224	150	106.40‡ 達成
423	357	97.25‡ null
1223	245	93.00‡ null

複数の条件を指定する、条件によって
結果を複数に分けるなど、[条件列]を
使いこなしたい場合はLESSON38を
参考にしてください。

2つの列を比較して値の一致を確認する

[条件列の追加]ダイアログボックスでは比較する[値]や[出力]する値
として列を選択することができます。そのため[演算子]に「指定の値に等
しい」を使い、2つの列の値を比較することも可能です。大量の表を結合
した場合など、データの正確性を担保するために列同士の値が一致するか
を確認する場合などに便利です。

入力欄の前のボタンから[列の選択]を選ぶことで
列名を選択できるようになる

^{LESSON}
40

月別や担当者別の売上を
集計してみよう

練習用ファイル L040_売上データ.xlsx

01 グループ化を使って項目別に集計する

　大量のデータから集計結果を得る場合、表にある列の項目の値ごとに合計や平均などを求めますが、パワークエリではこれを［グループ化］という機能で行います。このLESSONでは、売上データの表から、「月別」かつ「担当者別」の「売上」の合計を求め、さらにそれをクロス集計します。

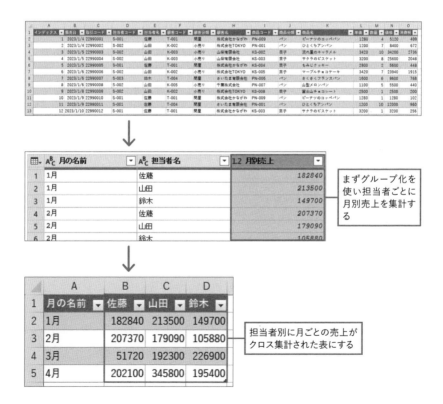

まずグループ化を使い担当者ごとに月別売上を集計する

担当者別に月ごとの売上がクロス集計された表にする

02 担当者別の売上集計を追加する

　パワークエリの［グループ化］では、日付データから月の値ごとにデータをまとめることができないので、あらかじめ月の値を取り出す列を作成しておきます。これにより［グループ化］ダイアログボックスでグループ化の基準として［月の名前］列を指定することができ、月別の集計結果を得られます。今回はさらに［担当者名］列も追加し、複数の項目を基準にした集計を行います。

［クエリ］タブ -［編集］をクリックし［売上データ］クエリをPower Query エディターで表示しておく

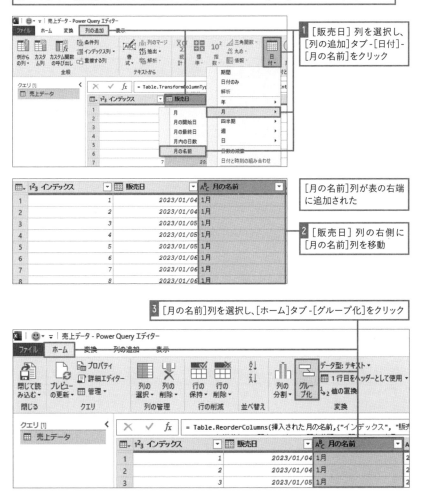

1 ［販売日］列を選択し、［列の追加］タブ -［日付］-［月の名前］をクリック

［月の名前］列が表の右端に追加された

2 ［販売日］列の右側に［月の名前］列を移動

3 ［月の名前］列を選択し、［ホーム］タブ -［グループ化］をクリック

活用編　第5章　条件を指定して行や列を操作する

195

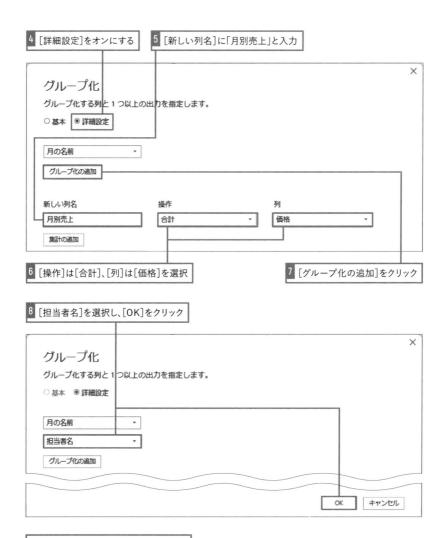

4 [詳細設定]をオンにする　　5 [新しい列名]に「月別売上」と入力

グループ化

グループ化する列と1つ以上の出力を指定します。

○ 基本　⦿ 詳細設定

月の名前　▾

グループ化の追加

新しい列名	操作	列
月別売上	合計　▾	価格　▾

集計の追加

6 [操作]は[合計]、[列]は[価格]を選択　　7 [グループ化の追加]をクリック

---

8 [担当者名]を選択し、[OK]をクリック

グループ化

グループ化する列と1つ以上の出力を指定します。

○ 基本　⦿ 詳細設定

月の名前　▾

担当者名　▾

グループ化の追加

OK　　キャンセル

担当者別に月ごとの売上がまとめられた

	ABC 月の名前	ABC 担当者名	1.2 月別売上
1	1月	佐藤	182840
2	1月	山田	213500
3	1月	鈴木	149700
4	2月	佐藤	207370
5	2月	山田	179090
6	2月	鈴木	105880

グループ化の使い方をマスターしよう

　Excelシートでも項目の値ごとに集計できる機能として［小計］があります
が、パワークエリのグループ化ではそれとは異なり事前に基準とする列の
値を並べ替える必要がないため、より簡単に集計を求めることができます。
グループ化する列と集計する列がそれぞれ1つの場合には［グループ化］ダ
イアログボックスの設定は［基本］のままで良いのですが、いずれかに複数
の列を指定する場合には［詳細設定］をオンにすることで、［グループ化の追
加］［集計の追加］をすることができるようになります。

項目	説明
新しい列名	グループ化の結果作成される列の名前を指定する。分かりやすいものを任意に入力できる。
操作	次の項の［列］で指定する列の値に対して、どのような集計を行うかを選択する。「合計」の他、「平均」「中央値」「最大値」「最小値」「行数のカウント」「個別の行数のカウント」「すべての行」を選択できる。
列	集計する値が入力されている列を選択する。

■［基本］をオンにした場合

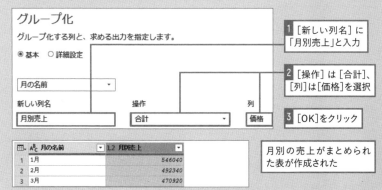

03 月別・担当者別の売上をクロス集計する

　2つの基準を元に集計された結果は、クロス集計の表に形を変更することもできます。**クロス集計表を作成するには［列のピボット］を使用します。ボタンをクリックする前に選択している列の値が、新たに作成される列の項目名になります。［列のピボット］ダイアログボックスで［値列］には、表の縦軸・横軸の交差するセルの値となる列を指定**します。

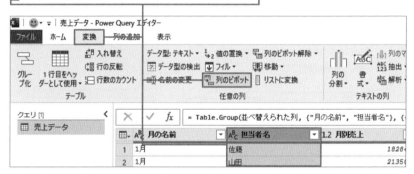

1 ［担当者］列を選択し、［変換］タブ -［列のピボット］をクリック

2 ［値列］で［月別売上］を選択し［OK］クリック

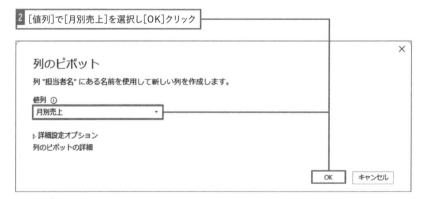

列のピボット

列 "担当者名" にある名前を使用して新しい列を作成します。

値列 ⓘ

月別売上

▷ 詳細設定オプション
列のピボットの詳細

| | OK | キャンセル |

担当者別の列が追加され、月別の売上がまとめられた

	f_x	= Table.Pivot(グループ化された行, List.Distinct(グループ化された行[担当者名]), "担当者名", "月別売上"
	A^B_C 月の名前	1.2 佐藤	1.2 山田	1.2 鈴木
1	1月	182840	213500	149700
2	2月	207370	179090	105880
3	3月	51720	192300	226900

さらに上達！

個別の値が合計列に占める割合を求める

［グループ化］ダイアログボックスで［操作］の値に「すべての行」を指定することで、元の表にある行の値を列として展開することができます。これは、元の表の値をグループ化で集計された値と比較する場合などに便利です。この例では［グループ化］を使って各月の担当者の売上を、それぞれの月の売上合計列と併せて表示させる表を作成しています。その後、［担当者別売上］列を［月間売上合計］で除算する列を追加し、各担当者の売上がそれぞれの月の合計に対して占める割合を求めています。

［クエリ］タブ -［編集］をクリックして［売上データ］クエリを表示しておく

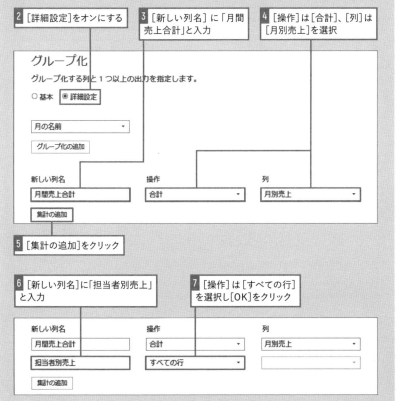

1 ［月の名前］列を選択し、［ホーム］タブ -［グループ化］をクリック

2 ［詳細設定］をオンにする

3 ［新しい列名］に「月間売上合計」と入力

4 ［操作］は［合計］、［列］は［月別売上］を選択

グループ化

グループ化する列と1つ以上の出力を指定します。

○ 基本　　◉ 詳細設定

| 月の名前 | ▼ |

グループ化の追加

新しい列名	操作	列
月間売上合計	合計　　　　▼	月別売上　　　　▼

集計の追加

5 ［集計の追加］をクリック

6 ［新しい列名］に「担当者別売上」と入力

7 ［操作］は［すべての行］を選択し［OK］をクリック

新しい列名	操作	列
月間売上合計	合計　　　　▼	月別売上　　　　▼
担当者別売上	すべての行　　　　▼	▼

集計の追加

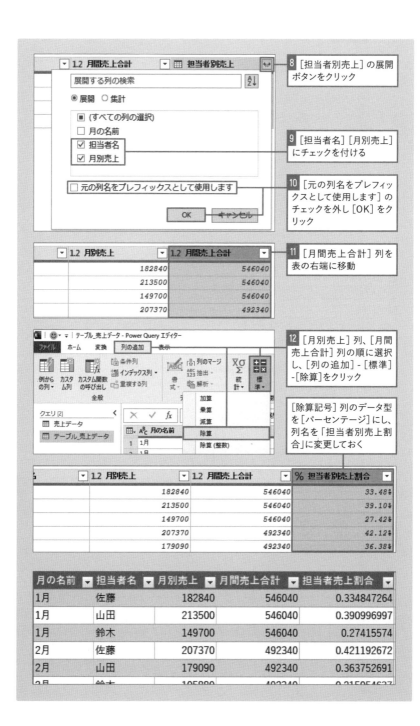

8 [担当者別売上] の展開ボタンをクリック

9 [担当者名] [月別売上] にチェックを付ける

10 [元の列名をプレフィックスとして使用します] のチェックを外し [OK] をクリック

11 [月間売上合計] 列を表の右端に移動

12 [月別売上] 列、[月間売上合計] 列の順に選択し、[列の追加] - [標準] - [除算] をクリック

[除算記号] 列のデータ型を [パーセンテージ] にし、列名を「担当者別売上割合」に変更しておく

月の名前	担当者名	月別売上	月間売上合計	担当者売上割合
1月	佐藤	182840	546040	0.334847264
1月	山田	213500	546040	0.390996997
1月	鈴木	149700	546040	0.27415574
2月	佐藤	207370	492340	0.421192672
2月	山田	179090	492340	0.363752691
2月	鈴木	105890	492340	0.215054637

第 6 章

クエリをもっと分かりやすく、便利に活用する

これまでに作成したクエリをさらに活用するために、ソースの変更や名前の変更、クエリの参照・複製など、クエリ自体を管理・運用するためのポイントを学びます。この章ではパワークエリを実務で効率良く使うためのポイントがたくさんありますので、しっかり確認しておきましょう。

LESSON 41
取得するソースを
変更してみよう

練習用ファイル L041_売上データ.xlsx

01 ソースの変更が必要になる場面とは

　LESSON01でも解説したように、パワークエリではデータソースの設定を絶対パスとして記録しているため、**クエリで取得する元データのファイル名や保存場所が変わると、そのクエリではデータを取得できなくなりエラーが発生します。**場合によっては意図しないファイルのデータを取得してしまうかもしれません。そんなときに**クエリを一から作り直すのは大変ですので、[データソース設定]からソースの変更を行いましょう。**このLESSONでは[第5章]フォルダー内の「売上データ.xlsx」をデータソースとして指定しているクエリを、[第6章]フォルダー内の同じファイル名のブックを指定するように変更します。

◆L041_売上データ.xlsx

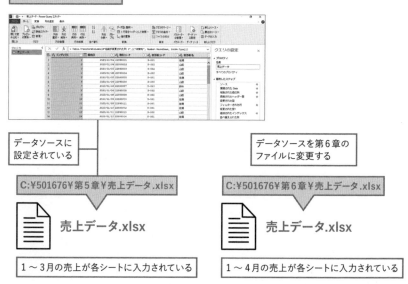

データソースに
設定されている

データソースを第6章の
ファイルに変更する

C:¥501676¥第5章¥売上データ.xlsx

C:¥501676¥第6章¥売上データ.xlsx

売上データ.xlsx

売上データ.xlsx

1〜3月の売上が各シートに入力されている

1〜4月の売上が各シートに入力されている

02 取得するデータのソースを変更する

「L041_売上データ.xlsx」では1～3月までのデータが読み込まれたテーブルが作成されています。[第6章]フォルダー内に1～4月までのシートを持つファイルがありますのでそちらを読み込むクエリに修正します。**データソースはステップの[ソース]を選択した状態で[数式バー]でも確認することができます。**修正後はデータが4月分まで読み込まれることを確認しましょう。また、**複数のクエリが保存されているなど、そのブックの中に複数のデータソースからのデータを読み込んでいる場合、[データソース設定]ダイアログボックスにはそれらのファイルパスが表示されます**ので、変更したいものを選んで修正してください。

[クエリ]タブ-[編集]をクリックし[売上データ]クエリをPower Queryエディターで表示しておく

1 [ホーム]タブ-[データソース設定]をクリック

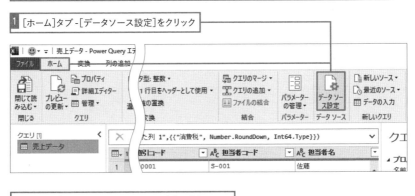

取得元のデータソースのファイルパスが表示されている

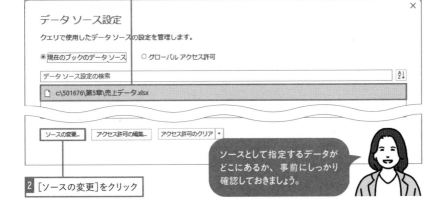

ソースとして指定するデータがどこにあるか、事前にしっかり確認しておきましょう。

2 [ソースの変更]をクリック

3 [参照]をクリック

Excel ブック

⦿ 基本　○ 詳細設定

ファイル パス

C:\501676\第5章\売上データ.xlsx　　　　　　　　　　　　参照...

形式を指定してファイルを開く

Excel ブック　　　　　　　　　▾

4 [第6章]フォルダーの[売上データ.xlsx]をクリックし、[インポート]をクリック

5 [OK]をクリック　　　データソースを変更できた

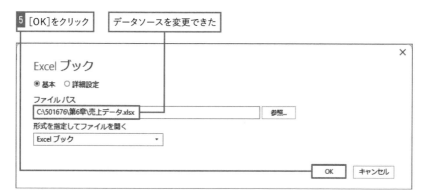

Excel ブック

⦿ 基本　○ 詳細設定

ファイル パス

C:\501676\第6章\売上データ.xlsx　　　　　　　　　参照...

形式を指定してファイルを開く

Excel ブック　　　　　　　　　▾

OK　　　キャンセル

[データソース設定]ダイアログボックスで[閉じる]をクリックしておく

6 [適用したステップ]の[ソース]をクリック

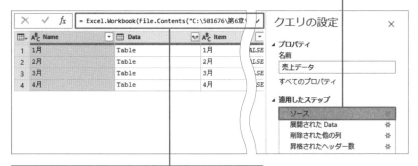

数式バーに変更したデータソースのファイルパスが表示された

7 [適用ステップ]の[切り捨て]をクリック

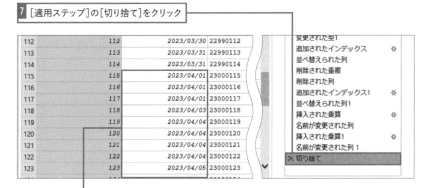

プレビューに4月のデータまで表示された

[閉じて読み込む]をクリックしてシートに読み込むと4月のデータもテーブルに追加される

	A	B	C	D	E	F
1	インデックス	販売日	取引コード	担当者コード	担当者名	顧客コード
2	1	2023/1/4	22990001	S-001	佐藤	T-001
3	2	2023/1/4	22990002	S-002	山田	K-002
4	3	2023/1/5	22990003	S-002	山田	K-003
5	4	2023/1/5	22990004	S-002	山田	K-003
6	5	2023/1/5	22990005	S-001	佐藤	T-001
161	160	2023/4/27	23000160	S-002	山田	K-002
162	161	2023/4/28	23000161	S-001	佐藤	K-006
163	162	2023/4/29	23000162	S-002	山田	K-002
164	163	2023/4/29	23000163	S-002	山田	K-005

ここもポイント！

同じブックのデータを取得している場合

　データの取得元が同じブック内にある場合には、ファイルの移動やファイル名の変更が行われても問題はありません。[データソース設定]ダイアログボックスにはソース一覧に[現在のブック]が表示され、[ソースの変更]ボタンはグレーアウトして変更することができなくなります。

データ ソース設定

クエリで使用したデータ ソースの設定を管理します。

◉ 現在のブックのデータ ソース　　○ グローバル アクセス許可

データ ソース設定の検索
🗙 現在のブック

ブック内のデータを取得している場合、[データソース設定]ダイアログボックスでは「現在のブック」と表示される

さらに上達！

Power Queryエディターを開かずにソースを変更する

　データソース指定の変更方法は複数ありますので状況に応じて使い分けましょう。Power Query エディターの[適用したステップ]から「ソース」の歯車アイコンをクリックすると、直接ファイルパスを編集するダイアログボックスが表示されます。また、Power Query エディターを開かず、Excelシート上でも[データ]タブ-[データの取得]-[データソース設定]で[データソース設定]ダイアログボックスを開くことができます。

[適用したステップ]の[ソース]を選択し、数式バーに表示されるファイルパスを変更してもデータソースを変更できる

206

LESSON 42

クエリに分かりやすい名前を付けて管理しよう

練習用ファイル L042_発注書.xlsx

01 状況に応じて名前の変更方法を使い分けよう

パワークエリを活用できるようになると、複数のクエリを1つのブックの中で利用する場面も増えてきます。[クエリと接続] 作業ウィンドウでブック内のクエリを一覧できますが、初期設定の名前のままであるとテーブル名やファイル名などになっており、その都度中身を確認しながら運用しなければなりません。そこで**クエリに分かりやすい名前を付けることで活用の際の効率がアップします。**クエリの名前は Power Query エディター起動時であれば [クエリの設定] 作業ウィンドウの [プロパティ] の [名前] で変更できます。他に [ホーム] タブ - [クエリ]グループ - [プロパティ] でも変更できます。

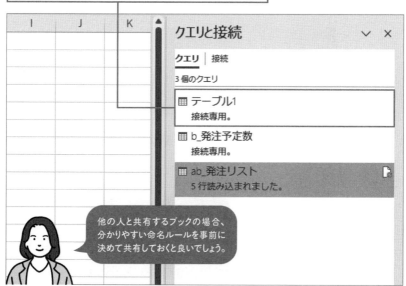

活用編 第6章 クエリをもっと分かりやすく、便利に活用する

207

02 Power Queryエディターでクエリ名を変更する

　このLESSONでは、[テーブル1] というクエリ名を「a_商品マスタ」に変更します。これは「b_発注予定数」とともに接続専用クエリとして管理されており、「ab_発注リスト」で結合されるクエリです。このように**クエリの名前にそれぞれのクエリの関係性が分かるような名づけルールを採用できれば、クエリを利用するすべての人にとっても分かりやすい構成になります。**

[クエリ]タブ-[編集]をクリックし[テーブル1]クエリをPower Queryエディターで表示しておく

1 [プロパティ]の[名前]を「a_商品マスタ」に変更し、[Enter]キーを押す

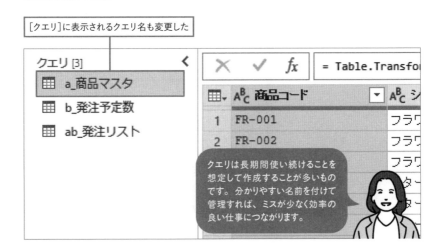

[クエリ]に表示されるクエリ名も変更した

クエリは長期間使い続けることを想定して作成することが多いものです。分かりやすい名前を付けて管理すれば、ミスが少なく効率の良い仕事につながります。

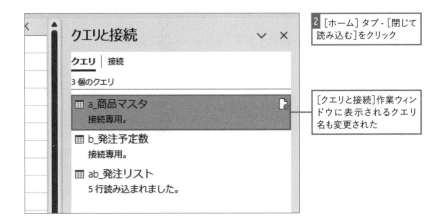

2 [ホーム] タブ - [閉じて読み込む]をクリック

[クエリと接続]作業ウィンドウに表示されるクエリ名も変更された

 Excelのシート上でも名前を変更できる

　Power Queryエディターを開かなくてもクエリ名は変更できます。[クエリと接続] 作業ウィンドウに一覧表示されているクエリを右クリックすることで [名前の変更] が行えます。複数あるクエリ全体の名前を変更する場合はこちらが便利です。またクエリの参照やクエリのマージなどでクエリが関係性を持っている場合でも、クエリ名を変更すると自動的に参照されるクエリ名は調整されますので、エラーになることはありません。

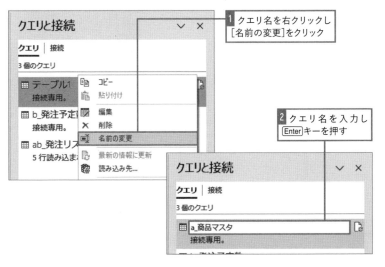

1 クエリ名を右クリックし [名前の変更]をクリック

2 クエリ名を入力し Enter キーを押す

さらに上達!

クエリの数が増えたら「グループの作成」が便利

[クエリと接続] 作業ウィンドウで一覧できるクエリは原則として作成順に並んでいますが、右クリックし [移動] を使うことでその位置を変えることもできます。またグループ化することも可能です。[グループの作成] ダイアログボックスで分かりやすい名前を付けたグループを作成しフォルダーのように扱うことができます。グループ化しておくことで、必要なときだけグループ内のクエリを表示させることができるようになるなど管理が容易になりますので、クエリの数が増えてきた場合は積極的に活用したい機能です。

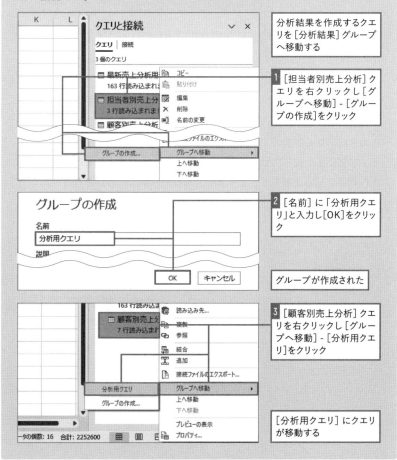

分析結果を作成するクエリを [分析結果] グループへ移動する

1 [担当者別売上分析] クエリを右クリックし [グループへ移動] - [グループの作成]をクリック

2 [名前] に「分析用クエリ」と入力し[OK]をクリック

グループが作成された

3 [顧客別売上分析] クエリを右クリックし [グループへ移動] - [分析用クエリ]をクリック

[分析用クエリ] にクエリが移動する

LESSON 43 ステップの名前を変更して 誰でも分かるクエリにしよう

練習用ファイル L043_売上データ.xlsx

01 ステップの名前を変更する

　複雑なクエリを作成すると、[適用したステップ] には同じような名前のステップが次々と並ぶことになり、それぞれ選択してプレビューを確認しなければ、その詳細な内容を確認することが難しくなります。**自動的に作成されたステップ名をより具体的なステップ名に変更することで、一目でどんな操作を行ったステップなのか振り返ることができるようになります。** 詳細設定を修正する際や、手順を変更する場合などに大変役立ちますので、手順が多いクエリを作成する場合には随時ステップ名を変更する癖を付けておくと良いでしょう。

[クエリ]タブ-[編集]をクリックし[最新売上分析用データ]クエリを
Power Queryエディターで表示しておく

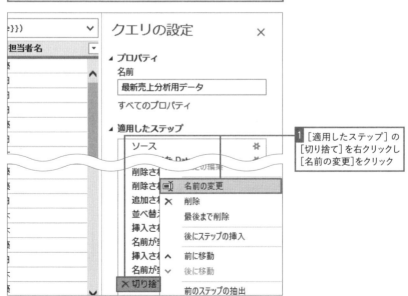

1 [適用したステップ] の
[切り捨て] を右クリックし
[名前の変更] をクリック

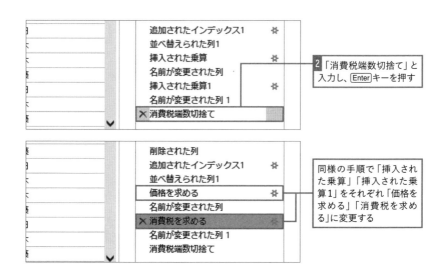

2 「消費税端数切捨て」と入力し、[Enter]キーを押す

同様の手順で「挿入された乗算」「挿入された乗算1」をそれぞれ「価格を求める」「消費税を求める」に変更する

ここもポイント！

💡 さらに詳細な説明を付加したいときは

ステップ名を右クリックして追加できる［ステップのプロパティ］では、さらに詳細な説明を入力できます。説明が追加されたステップ名には、右に○で囲まれた「！」マークが表示され、マウスポインターを合わせると、説明に入力した内容がポップアップされます。コメントのように使うこともできますので、特に複数のメンバーでクエリを管理する場合には積極的に活用したい機能です。

［説明］の欄にステップの詳細を入力し[OK]をクリックする

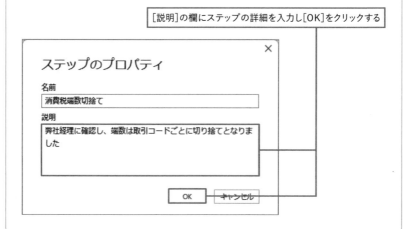

以前作ったクエリを
他のクエリで利用する

練習用ファイル L044_売上データ.xlsx

01 段階に分けてクエリを管理できる

クエリを利用して整形したデータから、複数の分析結果を出力したい場合もあります。**分析結果ごとに整形も含めたすべての手順をクエリとして作成していては効率が悪いため、整形までの手順を1つのクエリとして作成し、そのクエリを参照しながら分析のみ行う新しいクエリを作成できます。**このLESSONでは、[最新売上分析用データ]クエリを参照し、[担当者別売上分析]と[顧客別売上分析]という2つの分析用クエリを作成します。**[参照]と似た機能で[複製]がありますが、複製は元としたクエリとは関係性を持たず独立して動くクエリとなります。**[複製]についてはLESSON45で説明します。

[顧客別売上分析]クエリ

	A	B
1	顧客名	売上合計
2	株式会社かながわ	461680
3	株式会社TOKYO	351370
4	山梨有限会社	371520
5	さいたま有限会社	482240
6	千葉株式会社	248180
7	栃木株式会社	160750
8	有限会社ぐんま	176860

クエリと接続 ∨ ×

クエリ | 接続

3個のクエリ

最新売上分析用データ
163 行読み込まれました。

参照

[担当者別売上分析]クエリ

	A	B	C
1	担当者名	売上合計	
2	佐藤	644030	
3	山田	930690	
4	鈴木	677880	

参照

02 元のクエリを参照して分析用クエリを作成する

「L044_売上データ.xlsx」には、[最新売上分析用データ]クエリ1つだけがあることが[クエリと接続]作業ウィンドウで確認できます。このクエリは同じフォルダー内にある「クエリ参照.xlsx」ブックを取得し、1〜4月の売上データを整形しています。このクエリを参照することで、簡単に分析用のクエリを2つ作成することができます。それぞれ担当者ごと、顧客ごとにグループ化して売上集計するクエリを作成してみましょう。

---

1 [第6章]フォルダーの「L044_売上データ.xlsx」を開き、テーブル内にアクティブセルがあることを確認

2 [クエリ]タブ-[参照]をクリック

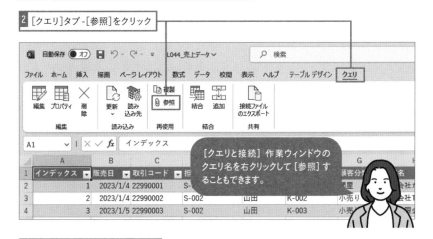

> [クエリと接続]作業ウィンドウのクエリ名を右クリックして[参照]することもできます。

Power Query エディター起動した

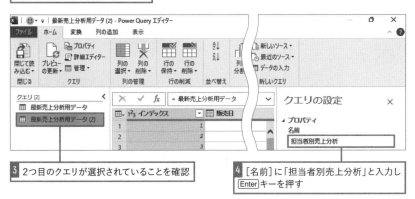

3 2つ目のクエリが選択されていることを確認

4 [名前]に「担当者別売上分析」と入力し[Enter]キーを押す

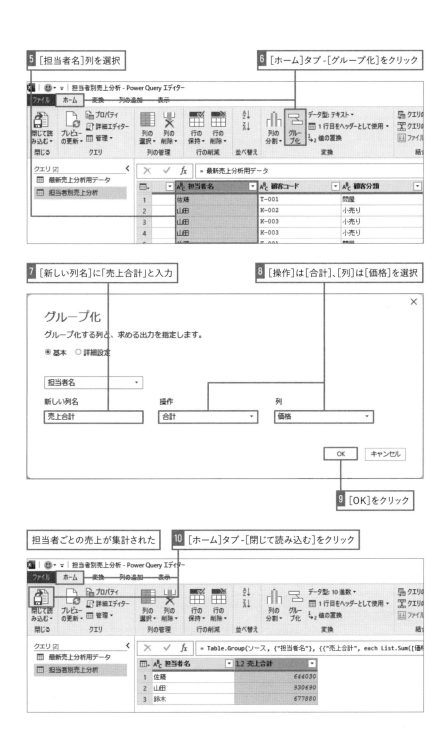

5 [担当者名]列を選択

6 [ホーム]タブ-[グループ化]をクリック

7 [新しい列名]に「売上合計」と入力

8 [操作]は[合計]、[列]は[価格]を選択

グループ化

グループ化する列と、求める出力を指定します。

◉ 基本　○ 詳細設定

担当者名　▾

新しい列名	操作	列
売上合計	合計　▾	価格　▾

OK　キャンセル

9 [OK]をクリック

担当者ごとの売上が集計された

10 [ホーム]タブ-[閉じて読み込む]をクリック

= Table.Group(ソース, {"担当者名"}, {{"売上合計", each List.Sum([価格

■	A^B_C 担当者名	1.2 売上合計
1	佐藤	644030
2	山田	930690
3	鈴木	677880

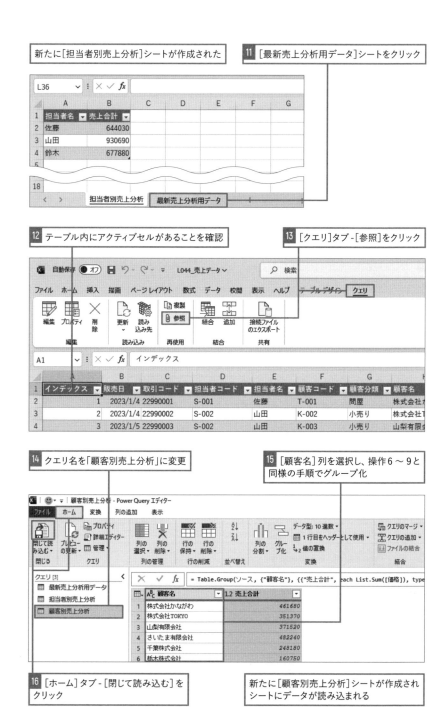

新たに[担当者別売上分析]シートが作成された

11 [最新売上分析用データ]シートをクリック

12 テーブル内にアクティブセルがあることを確認

13 [クエリ]タブ - [参照]をクリック

14 クエリ名を「顧客別売上分析」に変更

15 [顧客名]列を選択し、操作6〜9と同様の手順でグループ化

16 [ホーム]タブ - [閉じて読み込む]をクリック

新たに[顧客別売上分析]シートが作成されシートにデータが読み込まれる

03 更新はクエリごとに行える

　3つのクエリがブックの中に格納された状態になりました。参照されたクエリ
が取得している「クエリ参照.xlsx」のデータを修正し、どのように各クエリが更
新されるかを確認します。**[クエリ]タブの[更新]ボタンは、現在選択されてい
るクエリのみ更新するためのボタンです。**参照元のクエリを更新しても、参照先
のクエリは更新されません。**[データ]タブにある[すべて更新]ボタンは、ブック
内のクエリをすべて更新することができます。**ただし、**クエリのプロパティで[す
べて更新でこの接続を更新する]のチェックを外しているクエリは除外されます。**

[第6章]フォルダー内の「クエリ参照.xlsx」を開いておく

1 [4月]シートを右クリックし[削除]をクリックして上書き保存しておく

「L044_売上データ.xlsx」の[最新売上分析用データ]シートを表示しておく

2 [最新売上分析用]クエリを選択

3 [クエリ]タブ-[更新]クリック

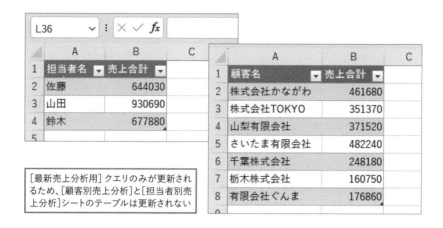

	A	B	C
1	担当者名 ▼	売上合計 ▼	
2	佐藤	644030	
3	山田	930690	
4	鈴木	677880	
5			

	A	B	C
1	顧客名 ▼	売上合計 ▼	
2	株式会社かながわ	461680	
3	株式会社TOKYO	351370	
4	山梨有限会社	371520	
5	さいたま有限会社	482240	
6	千葉株式会社	248180	
7	栃木株式会社	160750	
8	有限会社ぐんま	176860	

[最新売上分析用] クエリのみが更新されるため、[顧客別売上分析]と[担当者別売上分析]シートのテーブルは更新されない

■ブック内のクエリをすべて更新する

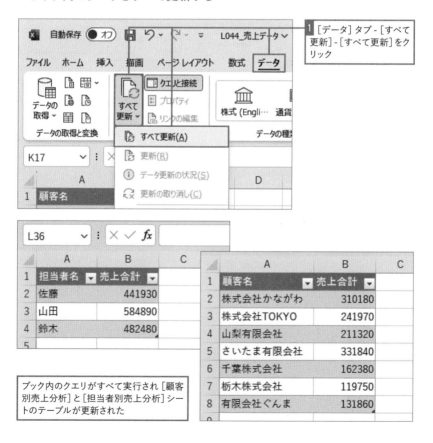

1 [データ] タブ - [すべて更新] - [すべて更新]をクリック

	A	B	C
1	担当者名 ▼	売上合計 ▼	
2	佐藤	441930	
3	山田	584890	
4	鈴木	482480	
5			

	A	B	C
1	顧客名 ▼	売上合計 ▼	
2	株式会社かながわ	310180	
3	株式会社TOKYO	241970	
4	山梨有限会社	211320	
5	さいたま有限会社	331840	
6	千葉株式会社	162380	
7	栃木株式会社	119750	
8	有限会社ぐんま	131860	

ブック内のクエリがすべて実行され [顧客別売上分析] と [担当者別売上分析] シートのテーブルが更新された

クエリをモジュール化して管理を楽にする

　クエリの手順が長くなりすぎて動作が重くなることを防ぐため、またエラーが発生した場合の対処など管理をしやすくするために、クエリを適当なステップで区切って複数に分ける際にも［参照］を利用します。これはプログラミングでよく行われる、「モジュール化」と言われる手法です。ステップ数が増えすぎてしまったクエリを分割するには［適用したステップ］の中で区切りとしたいステップを右クリックし、［前のステップの抽出］とすることで、それより前のステップを別のクエリとして分割することができます。元のクエリは自動的に分割したクエリを参照します。

[クエリ]タブ -[編集]をクリックし[売上集計]クエリを Power Query エディターで表示しておく

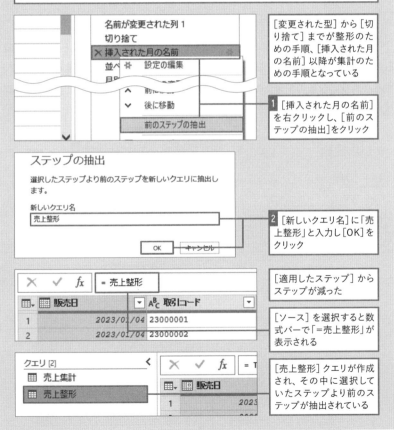

[変更された型]から[切り捨て]までが整形のための手順、[挿入された月の名前]以降が集計のための手順となっている

1 [挿入された月の名前]を右クリックし、[前のステップの抽出]をクリック

2 [新しいクエリ名]に「売上整形」と入力し[OK]をクリック

[適用したステップ]からステップが減った

[ソース]を選択すると数式バーで「=売上整形」が表示される

[売上整形]クエリが作成され、その中に選択していたステップより前のステップが抽出されている

活用編 第6章 クエリをもっと分かりやすく、便利に活用する

クエリを複製して活用する

LESSON 45

練習用ファイル L045_売上データ.xlsx

01 既存のクエリを複製して簡単に新しいクエリを作る

クエリの複製を行うと、すでに作成したクエリと全く同じクエリが作成できます。複製されたクエリのデータソースを変更する、ステップの一部を修正するなどを行い、効率良く新しいクエリを作成したいときに使用します。この LESSON では、元データの取得・整形から分析まで行われている[担当者別売上分析]クエリを複製し、分析部分のみ修正して[顧客別売上分析]クエリを作成します。**[複製] と似た機能として[参照]がありますが、参照は元のクエリの結果を元データとするクエリになるので2つのクエリに関連性があるところが複製とは大きく異なります。**

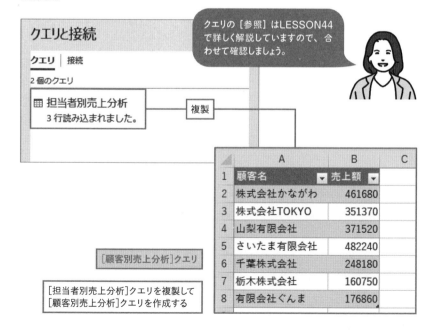

02 複製したクエリを編集して別の分析結果を出力する

　クエリを複製する際は、そのクエリにどんなステップが記録されているか、Power Queryエディターを開いて一度確認しておくと良いでしょう。[担当者別売上分析]クエリには多くのステップが含まれているので、同じ手順を繰り返して新しいクエリを作成するのは手間が掛かりますが、このLESSONでは複製後の最後のステップを設定変更するだけで、違う分析結果を求めるクエリを新規に作成することができます。クエリの複製は、手順のように[クエリ]タブから行える他、[クエリと接続]作業ウィンドウにあるクエリ名を右クリックしたメニューからも行えます。

「L045_売上データ.xlsx」にある[担当者別売上分析]クエリは[適用したステップ]の
[グループ化された行]で担当者ごとの売上が集計されている

1 [第6章]フォルダーの「L045_売上データ.xlsx」を開き、
テーブル内にアクティブセルがあることを確認

2 [クエリ]タブ -[複製]をクリック

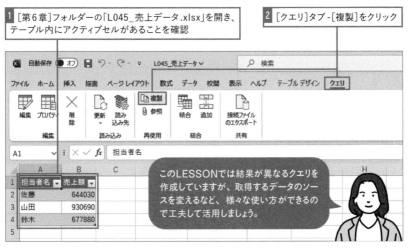

このLESSONでは結果が異なるクエリを作成していますが、取得するデータのソースを変えるなど、様々な使い方ができるので工夫して活用しましょう。

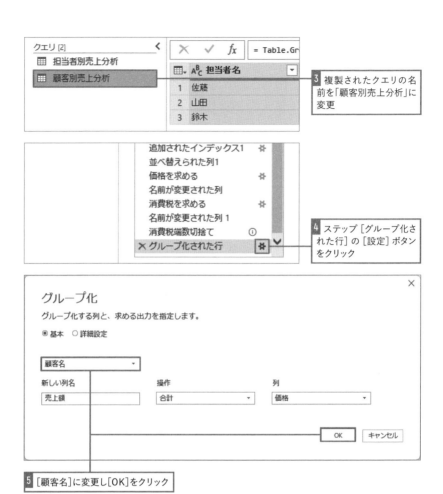

3 複製されたクエリの名前を「顧客別売上分析」に変更

4 ステップ[グループ化された行]の[設定]ボタンをクリック

グループ化

グループ化する列と、求める出力を指定します。

◉ 基本 ○ 詳細設定

顧客名	▾

新しい列名	操作	列
売上額	合計 ▾	価格 ▾

OK	キャンセル

5 [顧客名]に変更し[OK]をクリック

[閉じて読み込む]をクリックし、シートに読み込むと、新たに[顧客別売上分析]シートが作成される

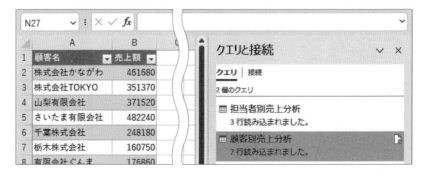

作成したクエリを他のブックで使用するには

　作成したクエリは、別のブックに複製することも可能です。[クエリと接続]作業ウィンドウのクエリ名を右クリックすると[コピー]ができますので、貼り付けたいブックで[クエリと接続]作業ウィンドウを開き右クリックから[貼り付け]することで別のブックに複製を作成できます。また、同じく右クリックメニューの中にある[接続ファイルのエクスポート]を実行すると、クエリ部分だけをファイルとして保存できます。他のユーザーにクエリのみを提供したい場合にはこの方法も有効です。受け取った側は[データ]タブ-[既存の接続]からインポートすることができます。

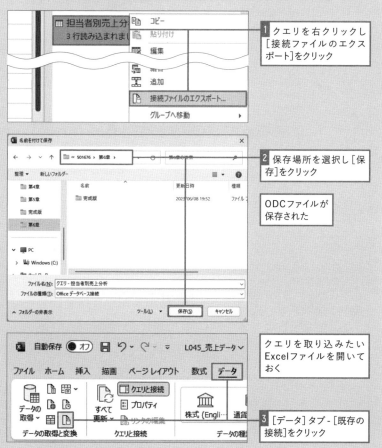

1 クエリを右クリックし[接続ファイルのエクスポート]をクリック

2 保存場所を選択し[保存]をクリック

ODCファイルが保存された

クエリを取り込みたいExcelファイルを開いておく

3 [データ]タブ-[既存の接続]をクリック

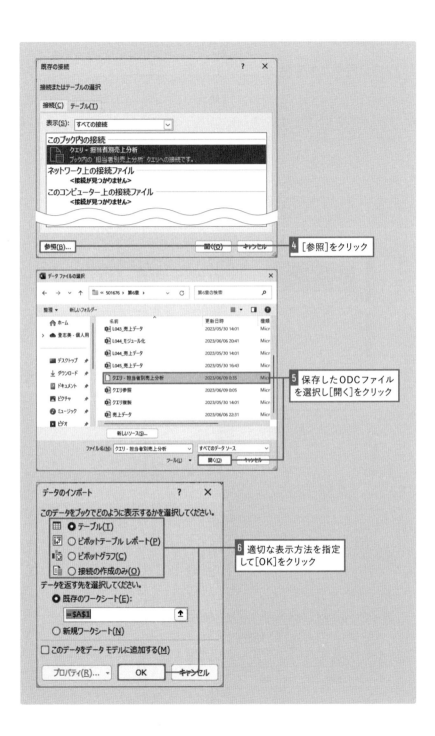

既存の接続　　　　　　　　　　　　　　　　　　　　　？　　×

接続またはテーブルの選択

接続(C)　テーブル(T)

表示(S)：　すべての接続　　　　　　　　　∨

このブック内の接続

クエリ - 担当者別売上分析
ブック内の '担当者別売上分析' クエリへの接続です。

ネットワーク上の接続ファイル
　　　<接続が見つかりません>

このコンピューター上の接続ファイル
　　　<接続が見つかりません>

参照(B)...　　　　　　　　　　　　　　　　　　開く(O)　　キャンセル

4 [参照]をクリック

データ ファイルの選択　　　　　　　　　　　　　　　　　　　　　　×

←　→　∨　↑　≪ 501676 > 第6章 >　　∨　C　第6章の検索　　　　🔎

整理 ▼　新しいフォルダー　　　　　　　　　　　　　　　　≡ ▼　□　❓

🏠 ホーム　　　　　　名前　　　　　　　　　　更新日時　　　　　種類
　　　　　　　　　　　📊 L043_売上データ　　　　2023/05/30 14:01　　Micr
> ☁ 登志美 - 個人用
　　　　　　　　　　　📊 L044_モジュール化　　　2023/06/06 20:41　　Micr
🖥 デスクトップ　*　　📊 L044_売上データ　　　　2023/05/30 14:01　　Micr
⬇ ダウンロード　*　　📊 L045_売上データ　　　　2023/05/30 16:43　　Micr
📄 ドキュメント　*　　📄 クエリ-担当者別売上分析　2023/06/09 0:35　　Micr
🖼 ピクチャ　　*　　　📊 クエリ参照　　　　　　　2023/06/09 0:05　　Micr
🎵 ミュージック *　　　📊 クエリ複製　　　　　　　2023/05/30 14:01　　Micr
📹 ビデオ　　　*　　　📊 売上データ　　　　　　　2023/06/06 22:31　　Micr

新しいソース(S)...

ファイル名(N)：クエリ-担当者別売上分析　∨　すべてのデータ ソース　∨

ツール(L)　▼　開く(O)　　キャンセル

5 保存したODCファイル
を選択し[開く]をクリック

データのインポート　　　　　　　　　？　　×

このデータをブックでどのように表示するかを選択してください。

⊞　● テーブル(T)
📊　○ ピボットテーブル レポート(P)
📊　○ ピボットグラフ(C)
📄　○ 接続の作成のみ(O)

データを返す先を選択してください。

● 既存のワークシート(E)：

=$A$1　　　　　　　　　🔼

○ 新規ワークシート(N)

☐ このデータをデータ モデルに追加する(M)

プロパティ(R)...　▼　　OK　　キャンセル

6 適切な表示方法を指定
して[OK]をクリック

［クエリの追加］で
取得した表を縦に結合する

練習用ファイル L046_研修実績.xlsx

01 バラバラな形の表はクエリで整えてから縦に結合する

　複数の表は同じ形であれば、クエリ作成時に「データの取得」でそれらを一度に指定して1つの表にできますが、形が異なっていると1つの表にできません。その場合、まず1つ1つの表をそれぞれクエリとして取り込み、同じ形に整形する接続専用クエリを作成します。その後「クエリの追加」で結合すれば、必要な形に整えた1つの表にすることができます。練習用ファイルの［東京会場］［大阪会場］［名古屋会場］3つのシートには形の違う表が入っており、それぞれ［東京］［大阪］［名古屋］クエリで整形されています。この3つのクエリを「クエリの追加」で1つの表に結合しましょう。

会場ごとのシートに形の異なる
表が作成されている

表の形を整える接続専用クエリが
作成されている

日付	講座名	担当講師	申込数	参加人数
7月3日	Excel応用	伊藤みゆき	11	10
7月18日	Power Point基礎	荒井洋子	8	8
7月28日	Excel基礎	小野綾香	13	12
7月29日	Word基礎	福井優子	11	11
7月30日	Power Point応用	飯島祐司	10	9

日付	講座名	参加人数	備考
7月6日	Word基礎	8	
7月7日	Word応用	5	
7月11日	Excel基礎	11	
7月16日	Power Point基礎	12	
7月18日	Power Point応用	11	
7月21日	Excel基礎	9	
7月23日	Excel マクロ・VBA		4 荒天のためキャンセル3

開催日	講座名	開催場所	参加人数
7月2日	Word基礎	A会議室	7
7月4日	Word応用	A会議室	7
7月9日	Excel基礎	2F研修室	8
7月12日	Power Point基礎	2F研修室	11
7月16日	Power Point応用	B会議室	8
7月17日	Excel応用	A会議室	6

	A	B	C
1	日付	講座名	参加人数
2	2023/7/3	Excel応用	10
3	2023/7/18	Power Point基礎	8
4	2023/7/28	Excel基礎	12
5	2023/7/29	Word基礎	11
6	2023/7/30	Power Point応用	9
7	2023/7/6	Word基礎	8
8	2023/7/7	Word応用	5
9	2023/7/11	Excel基礎	11
10	2023/7/16	Power Point基礎	12
11	2023/7/18	Power Point応用	11
12	2023/7/21	Excel基礎	9
13	2023/7/23	Excel マクロ・VBA	4
14	2023/7/2	Word基礎	7
15	2023/7/4	Word応用	7
16	2023/7/9	Excel基礎	8
17	2023/7/12	Power Point基礎	11
18	2023/7/16	Power Point応用	8
19	2023/7/17	Excel応用	6

クエリの追加で表を縦に結合する

02 新しいクエリを作成し、3つの表を縦に結合する

Power Queryエディターを開くと[ナビゲーションウィンドウ]で[東京][大阪] [名古屋]の3つのクエリが確認できます。それぞれ選択し、整形のステップを確認しておくと良いでしょう。列名も含めて同じ形に整形できていることを確認できたら、それらのクエリを結合します。クエリの[追加]ダイアログボックスではどのクエリを結合するかを選択しますが、事前に選んでいたクエリがすでに追加された状態になっています。また、[追加するテーブル]欄に並ぶ順にクエリが縦に結合されますので、順序にも注意して追加しましょう。

Power Queryエディターを表示しておく

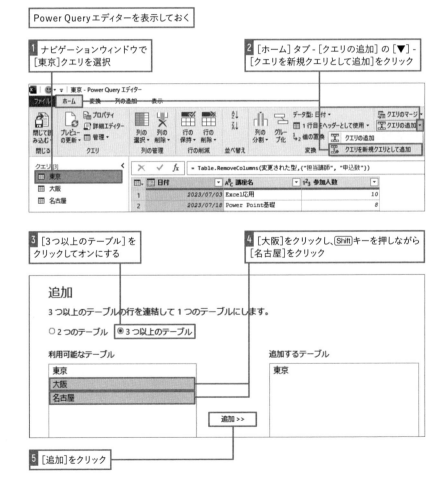

1 ナビゲーションウィンドウで [東京]クエリを選択

2 [ホーム]タブ-[クエリの追加]の[▼]- [クエリを新規クエリとして追加]をクリック

3 [3つ以上のテーブル]を クリックしてオンにする

4 [大阪]をクリックし、[Shift]キーを押しながら [名古屋]をクリック

5 [追加]をクリック

6 ［追加するテーブル］に［大阪］「名古屋」が追加されたを確認し[OK]をクリック

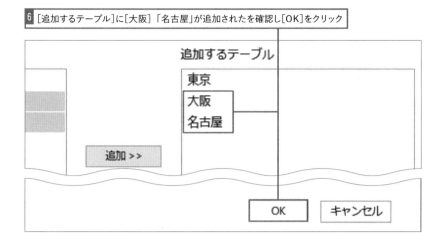

「追加1」というクエリが作成され、表が縦に結合された

［閉じて読み込む］をクリックしてシートに読み込んでおく

ここもポイント！

💡 ［クエリの追加］と［クエリを新規クエリとして追加］の違い

　このLESSONでは［クエリを新規クエリとして追加］を使用しましたが、［クエリの追加］ボタンをそのままクリックすると、現在編集しているクエリのステップに続ける形で他のクエリを追加することができます。例えば操作2で［クエリの追加］を使うと、［東京］クエリのステップに、［追加されたクエリ］ステップが記録され、［大阪］［名古屋］のクエリが結合されます。管理のしやすさなどを考慮しながら、どちらを使うかを判断しましょう。

さらに上達!

列の名前が違うと正しく結合できない

[クエリの追加] では、列名を基準に表を結合しています。そのため、列名が異なると正しい結合が行われません。このLESSONで [追加1] クエリまで作成したら、[名古屋] クエリの [名前が変更された列] ステップを削除してみましょう。これで1列目の列名が「開催日」に戻りました。この状態でクエリを [保持] しながらPower Queryエディターを閉じ、[追加1] クエリを更新してみると、名古屋会場のみ [開催日] 列に日付データが追加されてしまいます。クエリの追加を行う場合は列名も合わせておくことが重要です。

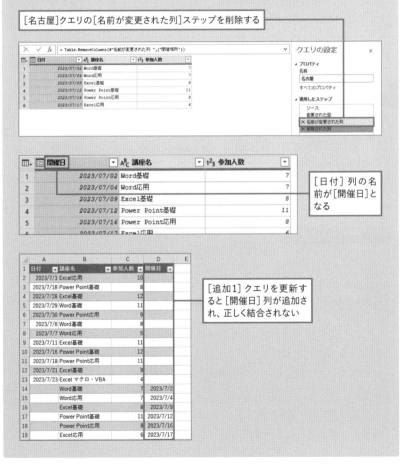

第 7 章

実際の業務を例に
集計してみよう

ここまで学んできたパワークエリの機能を組み合わせて、業務でパワークエリを活用する場面を想定した操作を行ってみましょう。POSレジから出力したデータを使った売上分析と、販売管理システムのデータを活用し特定の顧客へダイレクトメール発送の準備をします。

LESSON
47

POSレジの売上データを
一瞬で分析する

飲食店や小売店では利用しているPOSレジのデータを分析することで店舗運営に参考となる情報を得ることができます。レジの管理画面では表示できないような細かい集計結果も、クエリを作成しておけばいつでも簡単に確認することができます。

練習用ファイル [L047_POSデータ] フォルダー

01 POSレジから出力されるデータと分析結果

　このLESSONでは飲食店のPOSレジから出力される以下の表のCSVファイルを元に、販売結果の分析を行うクエリを作成していきます。POSレジから出力されるデータは、複数のCSVファイルに分かれていますので、まず結合や整形を行ってデータ分析しやすいテーブルを作成します。その後、必要な分析結果を得るためのクエリを作成していきます。

■出力されているデータの種類

ファイル名	データの内容	項目
会計データ.csv	顧客がレジで支払いを行ったタイミングで、1会計ごとに1行のデータが作成されるファイル。	会計日、会計時刻、会計ID、顧客属性コード、顧客属性、会計種別コード、会計種別
取引データ.csv	顧客が商品をオーダーしたタイミングで、1商品ごとに1行のデータが作成されるファイル。	取引ID、会計ID、商品ID
会計種別マスタ.csv	現金やクレジットカードなど、決済手段を一覧にしたもの。	会計種別コード、会計種別
顧客マスタ.csv	顧客の人数によって顧客種別を一覧にしたもの。	顧客属性ID、属性
商品マスタ.csv	各商品に商品コードや販売価格などを付与し、一覧で管理できるようにしたもの。	商品ID、商品コード、カテゴリコード、商品名、バリエーション、カテゴリ、販売価格、原価

230

一般的なPOSレジのデータの場合、一連のデータはもっと多くのファイルに分割されています。また「**取引データ.csv**」のように別ファイルのマスタで管理**されている項目についてはIDやコードのみが表示され、データとして表示したい項目を結合する必要があることが多い**です。今回のデータは練習用ファイルとして分かりやすいように、シンプルな構成になっています。また、「会計データ.csv」では手間を省くため、「**顧客属性**」や「**会計種別**」**がそれぞれのマスタから読み込まれた形にしていますが実務では自分で結合する必要がある**と考えてください。「顧客マスタ.csv」と「商品マスタ.csv」は本LESSONでは参考として提供しており手順内で使用はしません。

　この**LESSONで求める集計結果は「曜日別／時間帯別売上のクロス集計」「会計ごとの販売額」「商品ごとの利益額と利益率」の3つ**です。ただし集計に入る前には、一旦［販売一覧］クエリを作成し、集計の元となる表を作成します。その表を参照しながら、上記3つの集計結果を求めるクエリをそれぞれ作成していきます。

◆［曜日別集計］クエリ

曜日別にランチタイムとディナータイムの販売価格が分かる

◆［会計ごと集計］クエリ

1会計ごとの販売額が分かる

◆［商品別利益］クエリ

商品ごとの利益額と利益率が分かる

集計前の下準備としてクエリを作成する

　データ集計のための表を作成するためには、「会計データ.csv」と「取引データ.csv」を結合する必要がありますが、前のSECTIONで説明した通り、「取引データ.csv」には商品名や価格など、商品の情報が表示されていません。**「取引データ.csv」と「商品マスタ.csv」を結合して、オーダーされた商品が一覧できるようなデータ、[取引データ価格入り]シートを作成**していきましょう。[クエリのマージ]はLESSON09で詳しく紹介していますので、必要な場合には参照してください。

■取引データと商品データを結合する

　「取引データ.csv」には、1つのオーダーがどの会計IDに結び付いているかと、そのオーダーで注文された商品IDのみが記録されていますが、これだけでは販売価格や原価を用いた分析を行うことができません。そのため**[商品ID]を照合列として「商品マスタ.csv」の表と結合することで、取引データに販売価格などのデータを追加**していきます。「取引データ」を左の表、「商品マスタ」を右の表として扱いますので、まず「商品マスタ.csv」を取得する接続専用クエリを作成しておきます。その後、「取引データ.csv」を取得してクエリを作成し、[左外部]を使って結合します。

> 新規ブックを開き、[データ]タブ-[テキストまたはCSVから]をクリックし「商品マスタ.csv」をインポートしておく

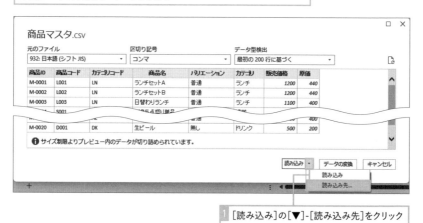

1 [読み込み]の[▼]-[読み込み先]をクリック

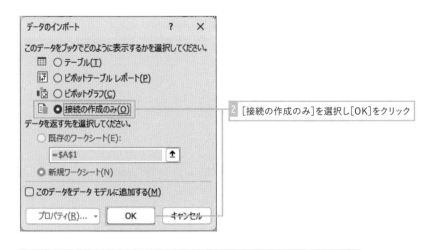

2 [接続の作成のみ]を選択し[OK]をクリック

続けて[テキストまたはCSVから]をクリックし「取引データ.csv」をインポートしておく

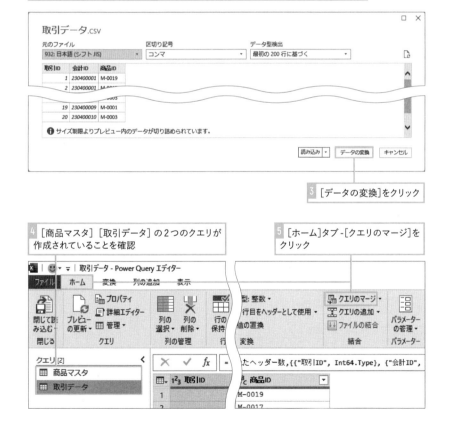

3 [データの変換]をクリック

4 [商品マスタ][取引データ]の2つのクエリが作成されていることを確認

5 [ホーム]タブ-[クエリのマージ]をクリック

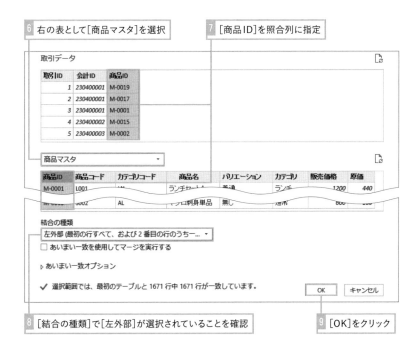

6 右の表として[商品マスタ]を選択
7 [商品ID]を照合列に指定
8 [結合の種類]で[左外部]が選択されていることを確認
9 [OK]をクリック

■商品マスタから[商品名][販売価格][原価]を展開する

　表の結合後は集計に必要な項目列を展開します。このLESSONでは[販売価格]と[原価]の他に、データを一覧化したときに分かりやすくするため[商品名]も展開しておきましょう。

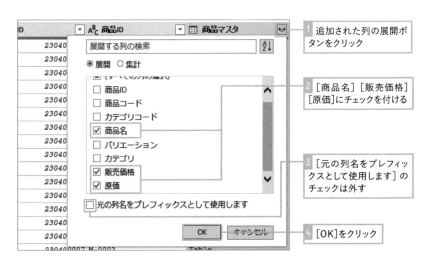

1 追加された列の展開ボタンをクリック
2 [商品名][販売価格][原価]にチェックを付ける
3 [元の列名をプレフィックスとして使用します]のチェックは外す
4 [OK]をクリック

[商品名] [販売価格] [原価]の列が追加された

| Column(マージされたクエリ数, "商品マスタ", {"商品名", "販売価格", "原価"}, {"商品 |
	A^BC 商品名	1²3 販売価格	1²3 原価
	板長のおすすめ定食	1500	400
	板長のおすすめ定食	1500	400
	ランチセットA	1200	440
	ランチセットA	1200	440
	ランチセットA	1200	440
	ランチセットA	1200	440
	ランチセットA	1200	440
	サーモンづくし定食	1500	500
	ランチセットB	1200	440
	ランチセットB	1200	440
	ランチセットB	1200	440

クエリの設定 ×

▲ プロパティ
名前
取引データ
すべてのプロパティ

▲ 適用したステップ
　ソース ⚙
　昇格されたヘッダー数 ⚙
　変更された型
　マージされたクエリ数 ⚙
× 展開された 商品マスタ ⚙

■ [取引ID] 列を基準に並べ替えシートに読み込む

　クエリの結合を実行し列を展開すると、元にしたデータの行が入れ替わること
があります。このまま「会計データ」と結合しても問題はないのですが、一度シー
トに読み込みます。**テーブルで表示したときに分かりやすくするために [取引
ID] の昇順に並べ替えておきましょう。** また、クエリ名は [取引データ価格入り]
と変更しておきます。

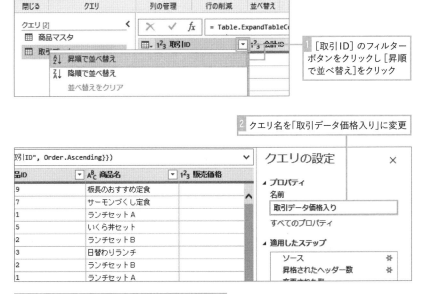

1 [取引ID] のフィルター
ボタンをクリックし [昇順
で並べ替え]をクリック

2 クエリ名を「取引データ価格入り」に変更

3 [閉じて読み込む]をクリックしてシートに読み込む

[取引データ価格入り]シートが作成され1671行のデータが読み込まれた

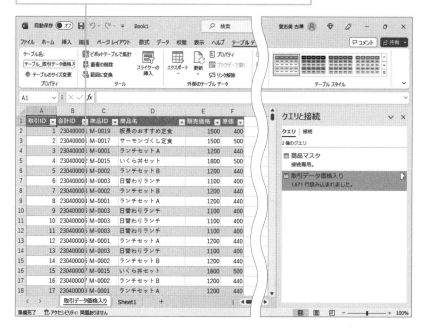

ここでは作成した表を確認するため、一度シートにクエリを読み込んでいますが、実務では接続専用クエリとして進めても大丈夫です。

データ集計の基準となる列のみ展開する

このLESSONではクエリの結合後、[カテゴリ]列は展開していません。[カテゴリ]列には「ランチ」「通常」「ドリンク」といった商品カテゴリが格納されています。これらのカテゴリ種別でも集計したい場合には、[カテゴリ]列も展開する必要がありますが、今回の分析には必要ないため展開していません。クエリの実行速度を遅くさせないために、実務でも集計に使用しない列は展開せず、必要な項目に絞って展開しましょう。

03 会計データと取引データを結合し販売一覧を作成

「会計データ.csv」と［取引データ価格入り］クエリを結合し、［販売一覧］クエリを作成します。このクエリは各会計のデータに販売した商品のデータを追加したテーブルをシートに作成するクエリです。このテーブルができると**商品ごとの他、会計時間や会計種別、顧客属性ごとなど、様々な切り口でデータを集計できるようになります。**自分が集計したい切り口をイメージしながら、集計用のテーブルを作成することがポイントです。

■［会計データ］と［取引データ価格入り］を結合する

600行のデータを持つ「会計データ.csv」を取得してクエリを作成し、［取引データ価格入り］クエリと結合します。照合列は［会計ID］です。前のSECTIONで扱ったクエリの結合と異なり、**左の表として扱われる「会計データ」側の［会計ID］は各行ごとに一意のデータがあり、右の表の［取引データ価格入り］クエリには同じ［会計ID］が複数ある状態**です。この場合「**左外部**」で結合し列を展開すると、**結合された表は左の表の行数よりも増えることにも注目**しましょう。このデータの場合は、右の表の［会計ID］はすべて左の表にもありますので、右の表の行数と同じ行数の表が作成されます。

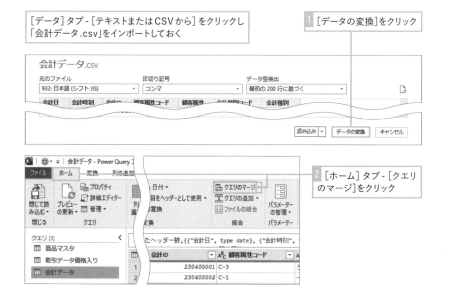

［データ］タブ - ［テキストまたはCSVから］をクリックし「会計データ.csv」をインポートしておく

1 ［データの変換］をクリック

2 ［ホーム］タブ - ［クエリのマージ］をクリック

応用編　第7章　実際の業務を例に集計してみよう

237

4 [会計ID]を照合列に指定

会計データ

会計日	会計時刻	会計ID	顧客属性コード	顧客属性	会計種別コード	会計種別
2023/04/01	11:35:00	230400001	C-3	グループ	K-3	QR決済
2023/04/01	12:10:00	230400002	C-1	一人	K-1	現金
2023/04/01	12:31:00	230400003	C-1	一人	K-2	クレジットカード
2023/04/01	12:45:00	230400004	C-3	グループ	K-1	現金
2023/04/01	12:52:00	230400005	C-2	ペア	K-2	クレジットカード

取引データ価格入り

取引ID	会計ID	商品ID	商品名	販売価格	原価
1	230400001	M-0019	板長のおすすめ定食	1500	400
2	230400001	M-0017	サーモンづくし定食	1500	500
3	230400001	M-0001	ランチセットA	1200	440
4	230400002	M-0015	いくら丼セット	1800	500
5	230400003	M-0002	ランチセットB	1200	440

結合の種類

左外部 (最初の行すべて、および 2 番目の行のうち一...

☐ あいまい一致を使用してマージを実行する

▷ あいまい一致オプション

✔ 選択範囲では、最初のテーブルと 600 行中 600 行が一致しています。

OK   キャンセル

5 [結合の種類]で[左外部]が選択されていることを確認

6 [OK]をクリック

■[取引データ価格入り]の列を展開する

　表を結合したので、必要な列を展開します。ここでは[商品ID][商品名][販売価格][原価]の列を展開し、各商品を軸とした集計が行えるようにします。

1 [取引データ価格入り]列の展開ボタンをクリック

2 [商品ID][商品名][販売価格][原価]にチェックを付ける

3 [元の列名をプレフィックスとして使用します]のチェックは外す

4 [OK]をクリック

［商品ID］［商品名］［販売価格］［原価］の列が追加され、1671行のデータになった

	種別	A^BC 商品ID	A^BC 商品名	1²3 販売価格	1²3 原価
1		M-0019	板長のおすすめ定食	1500	400
2		M-0001	ランチセットA	1200	440
3		M-0017	サーモンづくし定食	1500	500
4		M-0015	いくら丼セット	1800	500
5	トカード	M-0019	板長のおすすめ定食	1500	400
6	トカード	M-0003	日替わりランチ	1100	400
7	トカード	M-0003	日替わりランチ	1100	400
8	トカード	M-0020	生ビール	500	200
9	トカード	M-0020	生ビール	500	200
10	トカード	M-0020	生ビール	500	200
11	トカード	M-0012	刺身5点盛り定食	1500	500
12	トカード	M-0002	ランチセットB	1200	440

■ ［会計ID］列を基準に並べ替えシートに読み込む

　クエリを結合し列を展開したことで、行の順序が入れ替わったので、［会計ID］列を基準に昇順で並べ替えを行います。クエリ名を［販売一覧］に変更し、一度シートに読み込んでおきましょう。このまま集計に進むこともできますが、**一度シートに読み込んで1つのクエリとして完成させておけば、別の集計結果を求める場合にこのクエリを再利用することで作業効率を高めることができます。**また、作成された［販売一覧］クエリには、この後の手順で分析の基準として使用しない項目も含まれていますが、様々な集計結果を求める場面を想定して自由にご活用ください。

1 ［会計ID]を昇順で並べ替る

2 クエリ名を「販売一覧」に変更

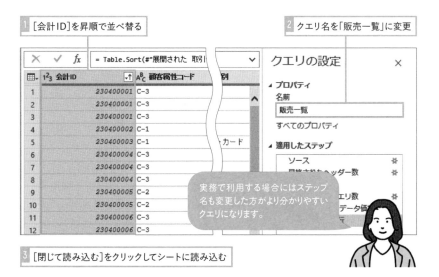

	1²3 会計ID	A^BC 顧客属性コード	別
1	230400001	C-3	
2	230400001	C-3	
3	230400001	C-3	
4	230400002	C-1	
5	230400003	C-1	·カード
6	230400004	C-3	
7	230400004	C-3	
8	230400004	C-3	
9	230400005	C-2	
10	230400005	C-2	
11	230400006	C-3	
12	230400006	C-3	

= Table.Sort(#"展開された 取引

クエリの設定

▶ プロパティ
名前
販売一覧
すべてのプロパティ

▶ 適用したステップ
　ソース

実務で利用する場合にはステップ名も変更した方がより分かりやすいクエリになります。

3 ［閉じて読み込む]をクリックしてシートに読み込む

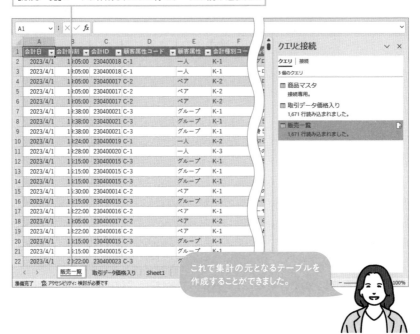

[販売一覧]シートが作成され1671行のデータが読み込まれた

これで集計の元となるテーブルを作成することができました。

データベースの「正規化」とは

　POSレジなどのシステムはデータベースを元に稼働しています。データベースを扱う際には「正規化」と呼ばれる処理が行われます。正規化とは1つの大きなデータの集まりを、複数の「テーブル」と呼ばれる小さな表に分けて管理し、それぞれの表を「キー」と呼ばれる値で接続させて扱えるようにすることです。これにより、例えば商品名や価格などが変更になった場合でも、大きな表の中の各行の情報を繰り返し修正するのではなく、商品マスタにあるデータだけを修正することで全体を変更でき、データベース全体の運用が容易かつ正確に行えるようになります。練習用ファイルは操作を分かりやすくするために、完全に正規化されたデータではないものもあります。各種システムからデータを出力した場合にはデータが細かく分割されていることが多いので、どのデータをどのように結合させる必要があるかを把握するところから始めてください。

「販売一覧」を使用して曜日別／時間帯別集計をする

集計用のデータとして作成した［販売一覧］クエリを元に、自分が見たい分析結果を求めていきます。このSECTIONでは、［販売一覧］クエリを参照して操作を開始します。作成するクエリは、**曜日と時間帯を基準にクロス集計をして売上額の推移を分析**できるように、ピボットテーブルレポートに読み込みます。**曜日別や時間帯別集計を取得することで、売上の予測を立て、仕入れや人員の配置などに生かすことができます。**

■［販売一覧］クエリを参照してクエリを作成し名前を変更する

［販売一覧］クエリを参照することで、元のクエリの結果を取得してクエリを作成することができます。これにより**分析用クエリの作成途中に操作をミスした場合にもクエリを一旦破棄してやり直すことが容易になり、また元のクエリから別の分析結果を簡単に作成できるなどのメリットがあります。**ステップが長くなるクエリを作成する場合には、良く使われる手法です。ここでは作成したクエリを［曜日別集計］という名前に変更し、分析用のためのステップを追加していきます。

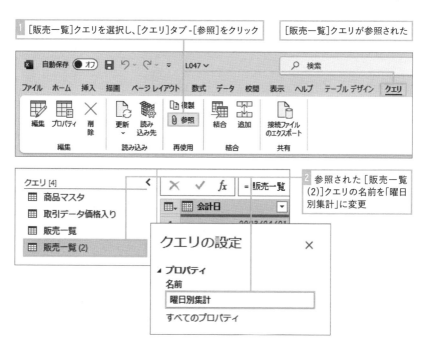

1 ［販売一覧］クエリを選択し、［クエリ］タブ-［参照］をクリック

［販売一覧］クエリが参照された

2 参照された［販売一覧(2)］クエリの名前を「曜日別集計」に変更

■曜日と時の列を追加する

　曜日別また時間帯別で集計できるようにするため、[曜日] 列と [時] 列を追加します。[会計日]列と[会計時刻]列を元にそれぞれ作成しましょう。ピボットテーブルで集計する場合には [時] 列はなくても「グループ化」機能で「時」を基準に集計することができます。この LESSON ではピボットテーブルで集計結果を求める手順を案内していますが、パワークエリのグループ化やピボット機能を使って集計することもできるように、[時]列を追加しておきます。

1 [会計日]列を選択して[列の追加]タブ -[日付]-[日]-[曜日名]をクリック

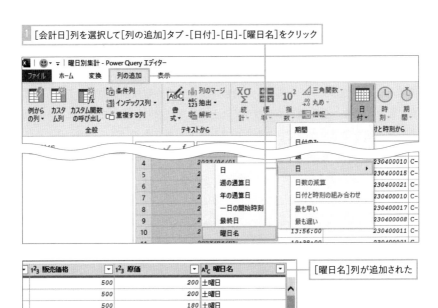

[曜日名]列が追加された

2 [会計時刻]列を選択して[列の追加]タブ -[時刻]-[時]-[時]をクリック　　[時]列が追加される

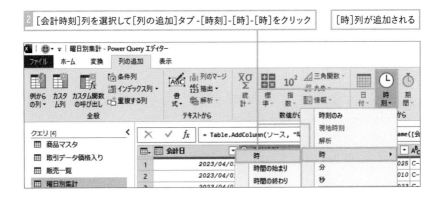

■ ランチタイムとディナータイムの2通りの結果に分ける

[時] 列を基準に [条件列] を使って15時より前の会計は「ランチタイム」、15時以降の会計は「ディナータイム」の売上として区分します。今回は [時] 列を使用しましたが、[会計時刻] 列を条件列として指定しても同様の結果を得ることができます。また、少し前のステップで作成した [曜日] 列も [時] 列と [時間帯] 列と合わせてこのタイミングで移動させます。**ドラッグの操作は別々に行っても、1つの [並べ替えられた列] というステップで処理されるため、クエリの動作を軽くすることに役立ちます。**

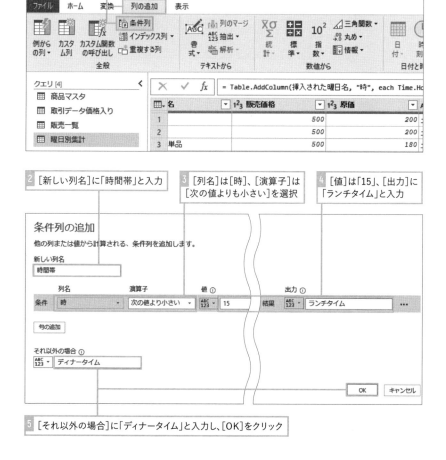

`1` [時] 列を選択し、[列の追加] タブ - [条件列] をクリック

`2` [新しい列名] に「時間帯」と入力

`3` [列名] は [時]、[演算子] は [次の値よりも小さい] を選択

`4` [値] は「15」、[出力] に「ランチタイム」と入力

`5` [それ以外の場合] に「ディナータイム」と入力し、[OK] をクリック

[時間帯]列が作成され、[時]列の値が15よりも小さい場合は「ランチタイム」、それ以外は[ディナータイム]と表示された

▼	AᴮC 曜日名	▼	1²3 時	▼	ABC123 時間帯	▼
200	土曜日		20		ディナータイム	
200	土曜日		13		ランチタイム	
180	土曜日		20		ディナータイム	
400	土曜日		13		ランチタイム	
200	土曜日		16		ディナータイム	

6 [時]列と[時間帯]列を[会計時刻]列の右に移動

🕐 会計時刻	▼	1²3 時	▼	ABC123 時間帯	▼	1²3 会計ID
20:45:00		20		ディナータイム		2
13:12:00		13		ランチタイム		2
20:22:00		20		ディナータイム		2
13:12:00		13		ランチタイム		2
16:15:00		16		ディナータイム		2

7 [曜日名]列を[会計日]列の右に移動

▦▾	▦ 会計日	▼	AᴮC 曜日名	▼	🕐 会計時刻	▼	1²3 時
1	2023/04/01		土曜日		20:45:00		
2	2023/04/01		土曜日		13:12:00		
3	2023/04/01		土曜日		20:22:00		
4	2023/04/01		土曜日		13:12:00		
5	2023/04/01		土曜日		16:15:00		

8 [時間帯]列のデータ型ボタンをクリックして[テキスト]に変更

▦▾	1²3 時	—	ABC123 時間帯	▼	1²3 会計ID	▼	AᴮC 顧客属1
1		20	1.2 10進数		230400025	C-3	
2		13	$ 通貨		230400010	C-3	
3		20	1²3 整数		230400023	C-3	
4		13	% パーセンテージ		230400010	C-3	
5		16			230400015	C-3	
6		19	🕘 日付/時刻		230400021	C-3	
7		13	🗓 日付		230400010	C-3	
8		19	🕐 時刻		230400017	C-2	
9		12	🌐 日付/時刻/タイムゾーン		230400008	C-1	
10		13	🕐 期間		230400011	C-3	
11		19	AᴮC テキスト		230400021	C-3	

■ピボットテーブルとして読み込む

　作成したクエリを「ピボットテーブルレポート」として新規シートに読み込むと、ピボットテーブルが作成されます。LESSON40で紹介したように、パワークエリでもクロス集計を行うことはできますが、ピボットテーブルのようにきめ細かい機能は搭載されていません。そのため、データの整形までをパワークエリで行い、集計や分析はピボットテーブルで作成する手法が実務ではよく使われています。もちろん、一度パワークエリで集計表を作成しておけば、クエリを更新するだけで最新のデータを反映したレポートを表示することができます。ここでは、[曜日]列の値を横軸に、[時間帯]列の値を縦軸に、[販売価格]の合計をクロス集計する手順を紹介しています。[曜日]フィールドを[行]に、[時間帯]フィールドを[列]に、[販売価格]フィールドを[値]にそれぞれドラッグすることでクロス集計が行われます。これにより、曜日ごとに、ディナータイム、ランチタイムそれぞれの売上が集計され、仕入れや人員配置などの予測に役立つデータを分析できます。

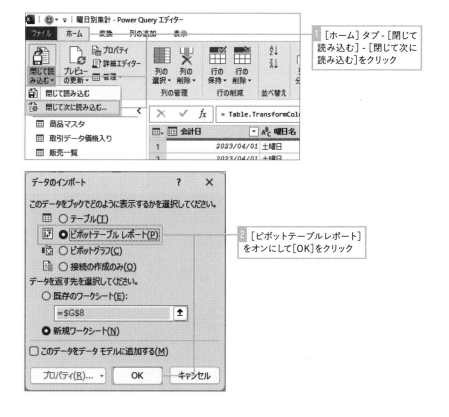

1 [ホーム]タブ - [閉じて読み込む] - [閉じて次に読み込む]をクリック

2 [ピボットテーブルレポート]をオンにして[OK]をクリック

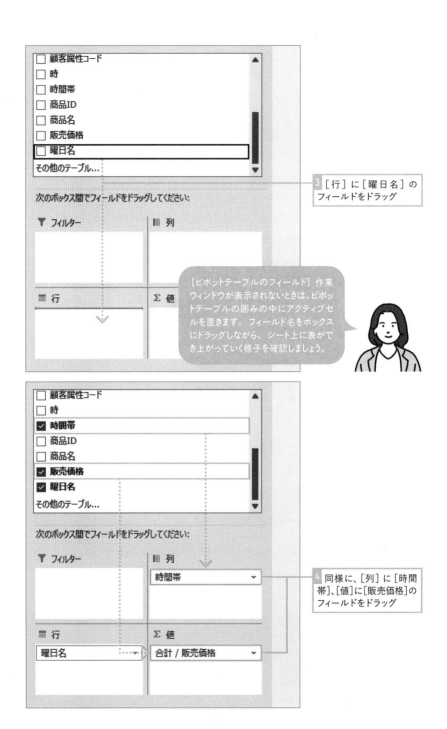

3 [行] に [曜日名] の
フィールドをドラッグ

[ピボットテーブルのフィールド] 作業
ウィンドウが表示されないときは、ピボッ
トテーブルの囲みの中にアクティブセ
ルを置きます。フィールド名をボックス
にドラッグしながら、シート上に表がで
き上がっていく様子を確認しましょう。

4 同様に、[列] に [時間
帯]、[値]に[販売価格]の
フィールドをドラッグ

曜日ごとにランチタイムとディナータイムの販売価格が集計された

	A	B	C	D	E
1	合計 / 販売価格	列ラベル ▼			
2	行ラベル ▼	ディナータイム	ランチタイム	総計	
3	日曜日	255750	161650	417400	
4	月曜日	73000	117800	190800	
5	火曜日	58100	128600	186700	
6	水曜日	100900	90050	190950	
7	木曜日	107800	108200	216000	
8	金曜日	184100	107300	291400	
9	土曜日	265050	135450	400500	
10	総計	1044700	849050	1893750	
11					

ピボットテーブルとは

「ピボットテーブル」は大量のデータを一瞬でクロス集計し分析することができる機能です。［ピボットテーブルのフィールド］作業ウィンドウに一覧表示される「フィールド」と呼ばれる表の項目名を、「フィルター」「列」「行」「値」のボックスにドラッグすることで、クロス集計を行うことができます。「列」と「行」には集計の基準となるフィールドを、「値」には集計したい値の入ったフィールドをそれぞれドラッグします。必要な場合には「フィルター」にさらにフィールドを追加して、必要なデータを抽出した集計結果とすることも可能です。集計の方法を変えたい場合には、ボックス内にあるフィールドをシート上にドラッグすることで取り除き、新たなフィールドを追加することができます。また、1つのボックスに複数のフィールドを追加することで、さらに詳細な集計結果を追加することも可能です。操作は非常に簡単ですので、色々なフィールドを基準にしてクロス集計ができることを確認してみましょう。特に「日付」や「時刻」のフィールドを基準にした際に期間ごとに区切られて集計できる「グループ化」機能はパワークエリにはない機能ですのでぜひ使ってみてください。

05 会計ごとの集計表を作成しよう

　各商品の売上明細が紐付いていないため「会計データ.csv」にはその会計の会計額は含まれていません。しかし[販売一覧]クエリが作成されたことで、会計データと販売額が紐付き、会計ごとの会計額を求められるようになりました。[販売一覧]クエリを元に「グループ化」機能を使って[会計ごと集計]クエリを作成してみましょう。

■［販売一覧］クエリを参照してクエリを作成し名前を変更する

　[会計ごと集計]クエリも、[販売一覧]クエリを参照して作成しましょう。今回は手順で名前を指定していますが、仕事の中で使う場合にはブック内のクエリが増えるに従い名前の管理が重要になってきます。ナビゲーションウィンドウに表示される[クエリ一覧]を見て、分かりやすい名前になっているかを確認しながら進めることが大切です。

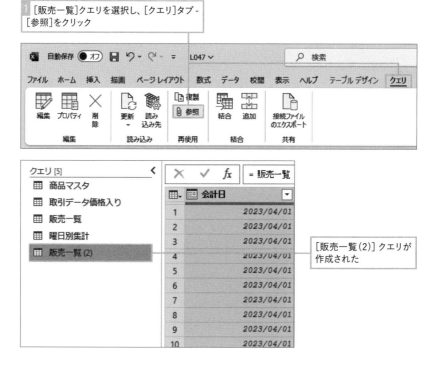

1 [販売一覧]クエリを選択し、[クエリ]タブ -
[参照]をクリック

[販売一覧(2)]クエリが
作成された

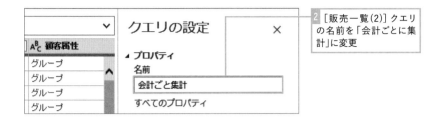

2 [販売一覧(2)]クエリの名前を「会計ごとに集計」に変更

■会計ごとに集計されるようにする

[会計ID]をグループ化することで、会計ごとの販売額そのものを求めることはできますが、テーブルに[会計日][会計時刻][顧客属性][会計種別]もデータとして表示したい場合には、[グループ化]ダイアログボックスで[詳細設定]をオンにし、必要な列をグループ化する基準として追加しておきます。集計列には[販売価格]を[合計]した結果が欲しいため、それぞれダイアログボックスで選択して先に進みましょう。

1 [ホーム]タブ-[グループ化]をクリック

2 [詳細設定]をオンにし[会計ID]を選択

3 [グループ化の追加]をクリック

4 [会計日]を選択

5 同様に[グループ化の追加]で[会計時刻]
[顧客属性] [会計種別]を選択

グループ化

グループ化する列と1つ以上の出力を指定します。

○ 基本　● 詳細設定

会計ID

会計日

会計時刻

顧客属性

会計種別

グループ化の追加

新しい列名	操作	列
会計額	合計	販売価格

集計の追加

OK　キャンセル

6 [新しい列名]に「会計額」を入力

7 [操作]で[合計]、[列]で[販売価格]を
選択し[OK]をクリック

[会計額]列が追加された

▼	ABC 顧客属性 ▼	ABC 会計種別 ▼	1.2 会計額 ▼
11:35:00	グループ	QR決済	4200
12:10:00	一人	現金	1800
13:12:00	グループ	クレジットカード	6700
12:31:00	一人	クレジットカード	1200
12:45:00	グループ	現金	3500
12:52:00	ペア		2200
12:52:00	グループ		4600
12:5	人		1200
12:	ア		3000
12:	ア	現金	2300
1	ープ	クレジットカード	5350
		QR決済	

会計1件ごとの会計額の他、会計時刻、顧客属性、会計種別も一覧できるようになりました。

250

■［会計ID］列を基準に並べ替えシートに読み込む

　グループ化された場合も、行の順序が入れ替わることがあります。読み込んだシート上で分かりやすくするために、［会計ID］列の昇順に並べ替えた状態で、シートにテーブルを読み込みましょう。読み込まれたデータが600行になっており、元の［会計データ.csv］と同じ行数であることを確認します。**会計ごとの集計表を作成するためのクエリですから、万一元データと行数が異なっていれば、作成したクエリのどこかに誤りがあるということになります。**実務でもこのように、行数を確認しながら、クエリに誤りがないかを判断しましょう。

1 ［会計ID]を昇順で並べ替える

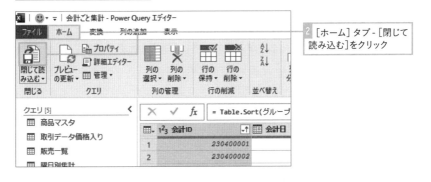

2 ［ホーム］タブ-［閉じて読み込む]をクリック

［会計ごとに集計]シートが作成され600行のデータが読み込まれた

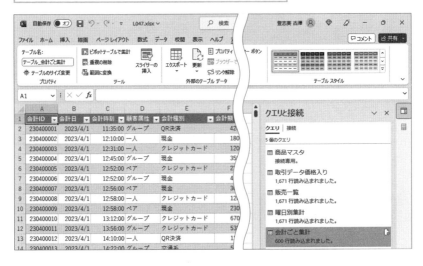

06 利益額／利益率を求める

[販売一覧]の結果を元に、それぞれの商品の利益額や利益率を求めてみましょう。まずは個別の売上に対して利益額を求める列を作成し、商品ごとにグループ化した後、[利益率]を求めます。利益額の大きい順に並べ替えを行ってからシートに読み込むことで、利益額の大きさと利益率の高さは一致しないことなどが読み取れる表が作成できます。商品開発や、おすすめ商品の選定などに役立つデータとなります。

■[販売一覧]クエリを参照してクエリを作成し、名前を変更する

これまでの分析用クエリ同様、[販売一覧]クエリを参照し新しいクエリを作成しましょう。名前は[商品別利益]とします。**クエリ編集中に参照するクエリを確認したくなる場合もありますが、そのときは[適用したステップ]で「ソース」を選択すると、数式バーに「＝クエリ名」が表示されます。**この手順の場合には「＝販売一覧」と表示されていることを確認しましょう。

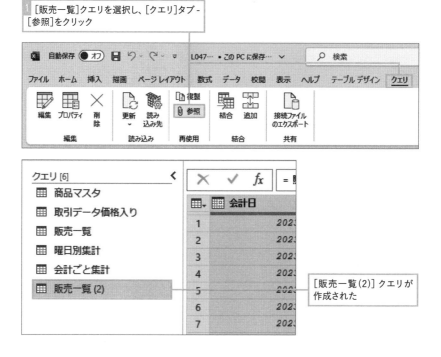

1 [販売一覧]クエリを選択し、[クエリ]タブ-[参照]をクリック

[販売一覧 (2)]クエリが作成された

252

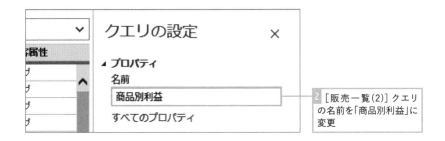

[販売一覧(2)]クエリの名前を「商品別利益」に変更

■利益額を計算した列を追加する

[販売価格]列から[原価]列を引いて、[利益額]列を作成しましょう。**2つの列の差を求める場合には、元の値の列を最初に選択し、次に減じる値の列を選択してから、[減算]の処理を行うところがポイント**です。手順が異なると結果が変わってしまう場合がありますので、追加された列を見て正しい結果が求められているかを確認しましょう。

1 [販売価格] [原価]の順に列を選択

▼ A^B_C 商品名	▼ 1²₃ 販売価格	▼ 1²₃ 原価 ▼
生ビール	500	200
生ビール	500	200
ぶり刺身単品	500	180
日替わりランチ	1100	400
生ビール	500	200
板長のおすすめ定食	1500	400
刺身5点盛り定食	1500	500

2 [列の追加]タブ-[標準]-[減算]をクリック

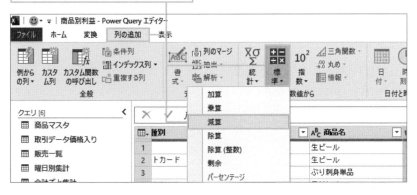

253

▼ 1²₃ 販売価格	▼ 1²₃ 原価	▼ 1²₃ 利益額	▼
500	200	300	
500	200	300	
500	180	320	
1100	400	700	
500	200	300	
1500	400	1100	

■ 商品ごとにグループ化する

商品ごとに集計するためグループ化します。[商品ID] 列だけでも集計結果は求められますが、[商品名] 列も表示したいため、[グループ化] ダイアログボックスで [詳細設定] をオンにし、[商品ID] [商品名] を追加します。また、[販売価格] の他に [利益額] の集計も結果も必要なため、集計も追加をしておきましょう。グループ化後の列名は、グループ化前の列名と同じでも問題ありません。分かりやすい列名を設定しましょう。また、**グループ化などの操作を行った後、データ型が変更される場合もあります。その都度適切な型に変更しておきます。**

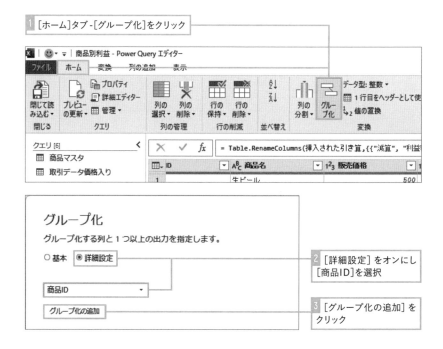

1 [ホーム]タブ -[グループ化]をクリック

2 [詳細設定] をオンにし [商品ID]を選択

3 [グループ化の追加] をクリック

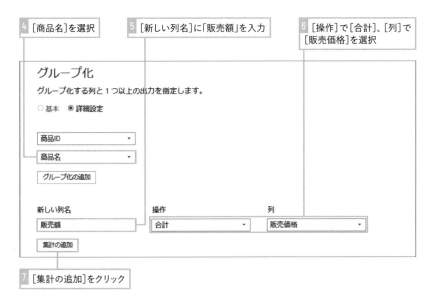

4 [商品名]を選択

5 [新しい列名]に「販売額」を入力

6 [操作]で[合計]、[列]で[販売価格]を選択

グループ化

グループ化する列と1つ以上の出力を指定します。

○ 基本 　● 詳細設定

商品ID ▾
商品名 ▾

グループ化の追加

新しい列名	操作	列
販売額	合計 ▾	販売価格 ▾

集計の追加

7 [集計の追加]をクリック

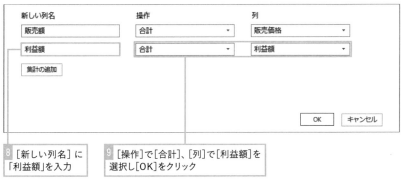

新しい列名	操作	列
販売額	合計 ▾	販売価格 ▾
利益額	合計 ▾	利益額 ▾

集計の追加

OK　　キャンセル

8 [新しい列名]に「利益額」を入力

9 [操作]で[合計]、[列]で[利益額]を選択し[OK]をクリック

10 [販売額][利益額]列のデータ型を「整数」に変更

ABC 商品名	1²3 販売額	1²3 利益額
サーモンづくし定食	111000	74000
ランチセットA	183600	116280
板長のおすすめ定食	204000	149600
いくら丼セット	154800	111800
ランチセットB	188400	119320
日替わりランチ	214500	136500
生ビール	173000	103800
刺身5点盛り定食	109500	73000

■利益率を求めた列を追加する

　商品ごとの［販売額］と［利益額］が求められたので、［利益率］を求めることができるようになりました。利益率そのものはグループ化前に計算することもできますが、それぞれの商品には同じ利益率が入ることになりますので、グループ化後に求める方が一般的です。**大量のデータを計算するよりも、行数が少なくなってから計算させる方がクエリの動作が軽くなる**ためです。減算のときと同じく、除算の場合も、列選択の順序が操作のポイントです。まず元の値の列を選択し、次に除する値の列を選択してから［除算］へ進みます。作成された列の名前や型を変更し、［利益額］列を降順に並べ替えてシートに結果を読み込みます。

1 ［利益額］［販売額］の順に列を選択

▼	A^B_C 商品名	▼	1^2_3 販売額	▼	1^2_3 利益額	▼
	サーモンづくし定食		111000		74000	
	ランチセットＡ		183600		116280	
	板長のおすすめ定食		204000		149600	
	いくら丼セット		154800		111800	
	ランチセットＢ		188400		119320	

2 ［列の追加］タブ -［標準］-［除算］をクリック

3 追加された［除算記号］列の列名を「利益率」に変更

4 データ型を「パーセンテージ」に変更

	1^2_3 販売額	▼	1^2_3 利益額	▼	% 利益率	▼
定食	111000		74000		66.67%	
	183600		116280		63.33%	
定食	204000		149600		73.33%	
	154800		111800		72.22%	

5 [利益額]列のフィルターボタン-[降順で並べ替え]をクリック

▼	1²₃ 販売額	▼	1²₃ 利益額	▼	% 利益率	▼

			66.67$
定食	A↓ 昇順で並べ替え		
	Z↓ 降順で並べ替え		63.33$
定食	並べ替えをクリア		73.33$
			72.22$
	▽ フィルターのクリア		63.33$
	空の削除		63.64$
	数値フィルター ▶		60.00$

6 [閉じて読み込む]をクリックしてシートに読み込む

利益額と利益率を含んだ表が作成された

	A	B	C	D	E
1	商品ID	商品名	販売額	利益額	利益率
2	M-0019	板長のおすすめ定食	204000	149600	0.733333333
3	M-0003	日替わりランチ	214500	136500	0.636363636
4	M-0002	ランチセットB	188400	119320	0.633333333
5	M-0001	ランチセットA	183600	116280	0.633333333
6	M-0015	いくら丼セット	154800	111800	0.722222222
7	M-0020	生ビール	173000	103800	0.6
8	M-0016	うに丼セット	140800	96000	0.681818182
9	M-0013	マグロづくし定食	128000	88000	0.6875
10	M-0014	刺身&フライ定食	118500	79000	0.666666667
11	M-0017	サーモンづくし定食	111000	74000	0.666666667
12	M-0012	刺身5点盛り定食	109500	73000	0.666666667
13	M-0018	天ぷら盛り合わせ定食	85800	59400	0.692307692
14	M-0021	ウーロン茶	26600	19000	0.714285714
15	M-0004	刺身5点盛り単品	14400	10200	0.708333333
16	M-0022	コーラ	10150	7250	0.714285714
17	M-0005	マグロ刺身単品	6600	4620	0.7
18	M-0009	うに単品			0.714285714

シートに読み込むと[利益率]列は小数点表示になってしまいます。新規に読み込んだ場合セルの書式設定が[標準]になっているためです。一度[パーセントスタイル]に変更すればクエリの更新時にはパーセントで表示されます。

応用編 第7章 実際の業務を例に集計してみよう

さらに上達！

売れなかった商品を見つける

［商品別利益］クエリでは読み込まれた行数が22行となりました。商品マスタには23の商品がありますので、売れなかった商品が1つあることが分かります。その商品を確認するには［商品別利益］クエリに［商品マスタ］クエリを「右反」で結合します。そうすることで、左の表と右の表を比較し、右の表のみにある行を取り出すことができます。

［商品別利益］クエリを選択し、［クエリ］タブ-［参照］をクリックしておく

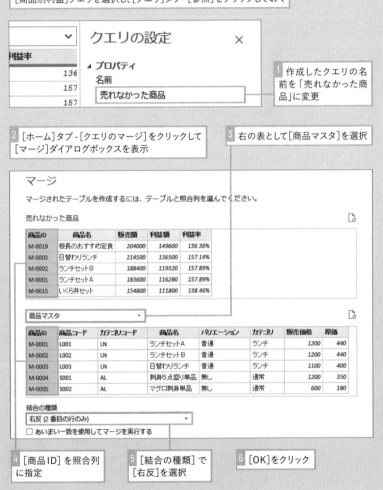

1 作成したクエリの名前を「売れなかった商品」に変更

2 ［ホーム］タブ-［クエリのマージ］をクリックして［マージ］ダイアログボックスを表示

3 右の表として［商品マスタ］を選択

4 ［商品ID］を照合列に指定

5 ［結合の種類］で［右反］を選択

6 ［OK］をクリック

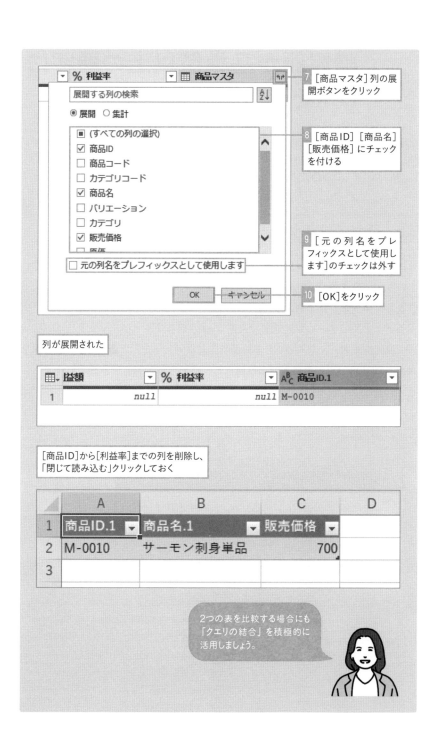

7 [商品マスタ]列の展開ボタンをクリック

8 [商品ID] [商品名] [販売価格] にチェックを付ける

9 [元の列名をプレフィックスとして使用します]のチェックは外す

10 [OK]をクリック

列が展開された

益額	% 利益率	商品ID.1
1	*null*	*null* M-0010

[商品ID]から[利益率]までの列を削除し、「閉じて読み込む」クリックしておく

	A	B	C	D
1	商品ID.1	商品名.1	販売価格	
2	M-0010	サーモン刺身単品	700	
3				

2つの表を比較する場合にも「クエリの結合」を積極的に活用しましょう。

購買額が基準値以上の顧客に
DMを送る準備をしよう

化粧品販売店の半年分の販売データを元に、60,000円以上購買している顧客のみにダイレクトメールを送付する準備をするクエリを作成します。[販売データ] と [顧客住所録] を元に、Wordの [差し込み印刷] 機能で宛先リストとして利用できるような表を作成しましょう。

練習用ファイル L048_顧客住所録.xlsx/L048_販売データ.xlsx

01 今あるデータをどう整形するか確認しよう

「L048_顧客住所録.xlsx」には、顧客の名前や住所などが一覧表として作成されていますが、**1人分のデータが2行で作成されており、このままでは結合する元データとして扱うことができません。**まずは1行で1件のデータになるように整形することが必要です。「L048_販売データ.xlsx」の [販売データ] シートには、半年分の商品販売データが入力されています。このデータを元に**顧客ごとの販売額を求め、60,000円以上の購入者のみ抽出し、整形された顧客住所録と結合**することで必要な宛先リストを作成します。

L048_顧客住所録.xlsx

2行で1件のデータが入力されている

	A	B	C	D	E
1	顧客番号	氏名	氏名（ひらがな）	年齢	生年月日
2		メールアドレス	郵便番号		住所
3	C-001	宮本 仁美	みやもと ひとみ	58	1964/08/14 女
4		hitomimiyamoto@example.com	005-3126		北海道札幌市白石区北郷三条X-X-X
5	C-002	髙崎 沙織	たかさき さおり	64	19581025 女
6		saori_takasaki@example.co.jp	374-4647		群馬県前橋市城東町X-X-XX
7	C-003	佐井 麻子	さい あさこ	49	1974/01/13 女
8		sai113@example.jp	568-1938		大阪府大阪市中央区難波X-X-Xアパ
9	C-005	川原 綾子	かわはら あやこ	34	19881214 女
10		kawaharaayako@example.co.jp			
11	C-005	柘植 愛子			
12		tsuge_710@example.net			
13	C-006	西岡 有紀			
14		yuki_nishioka@example.net			

1行に1件のデータが入力された表に整形する

	A	B	C	D	E	F	G
1	顧客コード	氏名	氏名（ふりがな）	年齢	生年月日	性別	メールアドレス
2	C-001	宮本 仁美	みやもと ひとみ	58	1964/8/14	女	hitomimiyamoto@exa
3	C-002	髙崎 沙織	たかさき さおり	64	1958/10/25	女	saori_takasaki@exam
4	C-003	佐井 麻子	さい あさこ	49	1974/1/13	女	sai113@example.jp
5	C-004	川原 綾子	かわはら あやこ	34	1988/12/14	女	kawaharaayako@exar
6	C-005	柘植 愛子	つげ あいこ	35	1987/7/10	女	tsuge_710@example.
7	C-006	西岡 有紀	にしおか ゆき	37	1985/10/23	女	yuki_nishioka@examp
8	C-007	髙橋 弘子	たかはし ひろこ	59	1964/4/5	女	takahashi45@exampli
9	C-008	松浦 愛	まつうら あい	34	1989/4/1	女	ai_matsuura@exampl
10	C-009	田中 理恵子	たなか りえこ	50	1973/1/10	女	tanaka110@example.
11	C-010	髙梨 美香	たかなし みか	51	1971/9/19	女	takanashimika@exam
12	C-011	猿山 仁美	さるやま ひとみ	39	1983/11/26	女	saruyamahitomi@exa
13	C-012	池田 佳子	いけだ よしこ	31	1992/1/5	女	ikeda_yoshiko@exam
14	C-013	長内 正太郎	おさない しょうたろう	46	1977/1/23	男	osanai_shoutarou@e
15	C-014	佐藤 良治	さとう りょうじ	73	1949/9/4	男	ryouji_sato@example.
16	C-015	森下 勝子	もりした まさこ	31	1992/1/7	女	masako_morishita@e

また、一般的に販売管理システムなどから出力されたデータの場合、前の LESSONで学んだように商品名などは別の商品マスタなどから読み込むように なっていることが多いです。しかし、今回は既に列として読み込まれた[販売デー タ]シートを使って操作をしていきます。[商品マスタ]シートは、正規化された データの参考として用意してあるだけのため、手順の中で使う場面はありません。

L048_販売データ.xlsx

[販売データ]シートには半年分の売上が入力されている

	A	B	C	D	E	F
1	販売日	顧客コード	商品ID	商品カテゴリ	商品名	販売額
2	2023/1/2	C-017	S002	さくら	しっとりミルク	8,000
3	2023/1/2	C-010	R001	ローズ	ふんわり化粧水	5,000
4	2023/1/3	C-005	S002	さくら	しっとりミルク	8,000
5	2023/1/3	C-008	R004	ローズ	ふんわりクレンジング	3,800
6	2023/1/3	C-026	L002	リリー	さらさらコンディショナ	2,200
7	2023/1/4	C-007	R004	ローズ	ふんわりクレンジング	3,800
8	2023/1/5	C-008	F001	フラワーガーデン	スペシャルクリーム	10,000
9	2023/1/6	C-007	R005	ローズ	ふんわり洗顔フォーム	3,000
10	2023/1/7	C-008	F001	フラワーガーデン	スペシャルクリーム	10,000
11	2023/1/7	C-002	R004	ローズ	ふんわりクレンジング	3,800
12	2023/1/8	C-017	S004	さくら	しっとりクレンジング	5,000
13	2023/1/8	C-004	S003	さくら	しっとりクリーム	8,500
14	2023/1/8	C-010	F002	フラワーガーデン	アイクリーム	8,000

	$^{A^B_C}$ 顧客コード	1^2_3 購買額
1	C-010	85200
2	C-002	61100
3	C-005	90200
4	C-003	67000
5	C-008	86000
6	C-012	81800
7	C-006	61700
8	C-017	69100
9	C-018	63200
10	C-025	74000
11	C-029	86300
12	C-030	

購買額が60,000円以上の顧客を 表にまとめる

	A	B	C	D	E
1	顧客コード	購買額	氏名	郵便番号	住所
2	C-010	85200	髙梨 美音	148-2712	東京都世田谷区若林X-X-X
3	C-002	61100	髙崎 沙織	374-4647	群馬県前橋市城東町X-X-X
4	C-005	90200	柘植 愛子	187-3300	東京都台東区浅草X-X-XXソルディオXXX
5	C-003	67000	佐井 麻子	568-1938	大阪府大阪市中央区難波X-X-XアパXXX
6	C-008	86000	松浦 愛	247-1194	神奈川県横浜市緑区竹山X-X-XX
7	C-012	81800	池田 佳子	355-0992	埼玉県和光市下新倉X-X-XXニチモグリーンタウンXXX
8	C-006	61700	西岡 有紀	596-2265	大阪府大阪市東淀川区豊里X-X-XXX
9	C-017	69100	杉 友理恵	536-8183	大阪府大阪市住吉区長居東X-X-XヴェルドールXXX
			吉田 健太	753-0710	山口県宇部市床波X-X-XXX
			清水 侑	487-2583	愛知県名古屋市西区則武新町X-X-X
			藤本 美奈	118-7789	東京都東村山市多摩湖町X-X-XXXアリストXXX
13	C-030	63200	塩野 真理	119-4174	東京都中央区八丁堀X-X-XXXX

購買額が60,000円以上の顧客の住所や 郵便番号を一覧化した表を作成する

応用編　第7章　実際の業務を例に集計してみよう

02 顧客住所録を1件1行のデータに修正する

「表は1件1行で作成する」のはデータベース機能を利用する場合の大原則ですが、特に住所録などは一覧を印刷したときの見やすさなどを優先し、1件のデータを2行に分けてしまうことがあります。これを1件1行のデータに修正するのは大変な作業ですが、パワークエリなら**元の表を奇数行のみ取り出した表と偶数行のみ取り出した表に分け、2つの表を横に結合することで1件1行の表に整形**できます。**奇数・偶数行をどのように抽出するか、また2つに分けた列を結合するための照合列をどう作成するかがポイント**です。このSECTIONでは**奇数行・偶数行を取り出すための準備段階として[インデックス追加]クエリをまず作成します**。その後[インデックス追加]クエリを参照して、偶数行のみ取り出すための[偶数行]クエリと、奇数行を取り出してから[偶数行]との結合や整形まで行う[顧客リスト整形済み]クエリを作成します。

■範囲からデータを取得し、1〜2行目を削除する

[顧客住所録]シートのデータを読み込む接続専用クエリを作成します。先頭行を見出しとして使用ないように、[テーブルの作成]ダイアログボックスではチェックを外しましょう。取り込まれたデータのうち、最初の2行は不要ですので削除します。

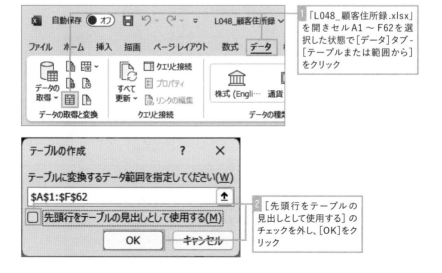

1 「L048_顧客住所録.xlsx」を開きセルA1〜F62を選択した状態で[データ]タブ-[テーブルまたは範囲から]をクリック

2 [先頭行をテーブルの見出しとして使用する]のチェックを外し、[OK]をクリック

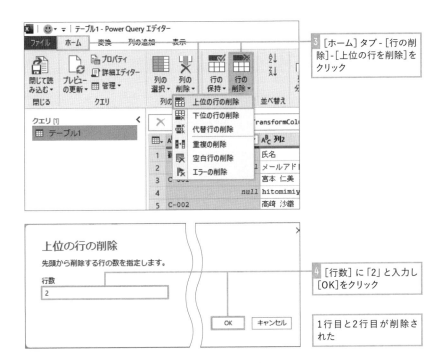

3 [ホーム] タブ - [行の削除] - [上位の行を削除] をクリック

4 [行数] に「2」と入力し [OK] をクリック

1行目と2行目が削除された

■ 空のセルに顧客コードを入力し、連番の列を追加

元のデータではセルが結合され2行にまたがって顧客コードが入力されていたため、[列1] は上の行のみにデータがある状態です。「**フィル**」**を利用して下の行にも顧客コードをコピーすることで、奇数行と偶数行の2つの表に分けた後で結合する際の照合列として使用できます。** また、奇数行と偶数行を分けるための値を作成するため、[インデックス列] を追加しておきます。

1 [列1] 選択し [変換] タブ - [フィル] - [下へ] をクリック

	ᴬᵇ꜀ 列1		ᴬᵇ꜀ 列2		ᴬᵇ꜀ 列3		ᴬᴮᶜ 123 列
1	C-001		宮本 仁美		みやもと ひとみ		
2	C-001		hitomimiyamoto@example.c…		005-3126		北海道
3	C-002		高﨑 沙繼		たかさき さおり		
4	C-002		saori_takasaki@example.c…		374-4647		群馬県
5	C-003		佐井 麻子		さい あさこ		
6	C-003		sai113@example.jp		568-1938		大阪府
7	C-004		川原 綾子		かわはら あやこ		
8	C-004		kawaharaayako@example.co…		168-4545		東京都
9	C-005		柘植 愛子		つげ あいこ		
10	C-005		tsuge_710@example.net		187-3300		東京都

2 LESSON30を参考に[1から]のインデックス列を追加

		ᴬᴮᶜ 123 列5		ᴬᵇ꜀ 列6		1²₃ インデックス	
	58	1964/08/14		女		1	
5区北郷三条…		null			null	2	
	64	19581025	女			3	
東町X-X-XX		null			null	4	
	49	1974/01/13		女		5	
区難波X-X-…		null			null	6	
	34	19881214	女			7	
X-X-X		null			null	8	
	35	1987/07/10		女		9	
区X-X-XX'…		null			null	10	
	37	1985/10/23		女		11	

■[剰余]列を追加して接続専用クエリにする

　奇数行と偶数行に分ける場合、[剰余]を使います。前の手順で作成した[**イン
デックス**]列の値を「2」で割った余りを求めると、奇数列の値は割り切れないの
で余りが「1」、偶数列の値は割り切れるので「0」が求められます。これでこの列
をフィルターすることで、奇数行だけの表、偶数行だけの表を作成することがで
きるようになりました。これはExcelシート上で奇数行と偶数行とで条件付き書
式を設定するような場合にもよく使われる手法です。人が作成したクエリにも含
まれる可能性があるので覚えておきましょう。2つの表に分割する準備ができた
段階でこのクエリを接続専用クエリとし新しいクエリで参照できるようにしてお
きます。

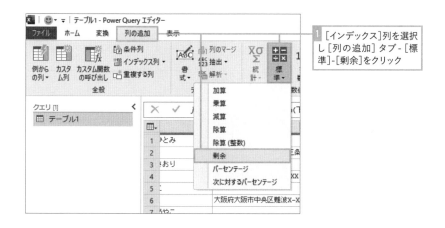

1 [インデックス]列を選択し[列の追加]タブ-[標準]-[剰余]をクリック

2 [値]に「2」と入力し[OK]をクリック

剰余

列の各値を除算し、剰余を求めるための数値を入力します。

値
```
2
```

OK   キャンセル

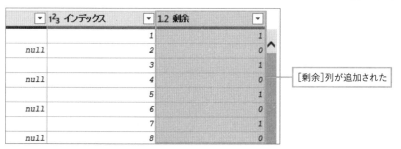

[剰余]列が追加された

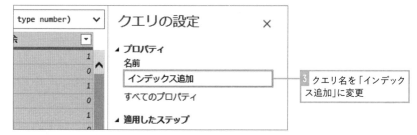

3 クエリ名を「インデックス追加」に変更

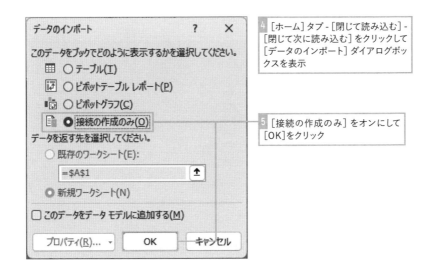

4 [ホーム]タブ - [閉じて読み込む] -
[閉じて次に読み込む]をクリックして
[データのインポート]ダイアログボック
スを表示

5 [接続の作成のみ]をオンにして
[OK]をクリック

■ クエリを参照し元の表の2行目にあたるデータを抽出する

[インデックス追加]クエリを参照して偶数行だけを取り出す接続専用クエリ[偶
数行]を作成します。[剰余]列のフィルターで値が「0」のものだけを選択するこ
とで偶数行を簡単に取り出せます。このクエリは結合時には右の表として扱われ
ます。また、前の手順で剰余を求める際に指定した数値を変えれば、指定した数
値の間隔で行を取り出すこともできます。

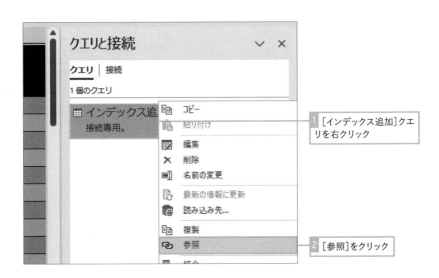

1 [インデックス追加]クエ
リを右クリック

2 [参照]をクリック

3 クエリ名を「偶数行」に
変更

4 [剰余] 列のフィルター
ボタンをクリック

5 [0] にチェックを入れ
[OK]をクリック

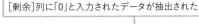

[剰余]列に「0」と入力されたデータが抽出された

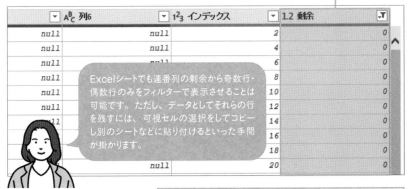

Excelシートでも連番列の剰余から奇数行・
偶数行のみをフィルターで表示させることは
可能です。ただし、データとしてそれらの行
を残すには、可視セルの選択をしてコピー
し別のシートなどに貼り付けるといった手間
が掛かります。

266ページの操作5を参考に接続専用クエリとして閉じておく

■クエリを参照し、データの抽出やデータ型の変更を行う

　次に奇数行を取り出しながら、整形の元となる表を作成する［顧客リスト整形済み］クエリを作成します。こちらも［インデックス追加］クエリを参照して作成します。まず奇数行のみ取り出すためのフィルター操作を行います。また、［列5］に入力されている生年月日が、行によって正しく日付として読み込まれていないため、データ型を［日付］に変更します。これで奇数行の表と偶数行の表を結合する準備ができました。

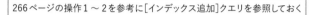
266ページの操作1〜2を参考に［インデックス追加］クエリを参照しておく

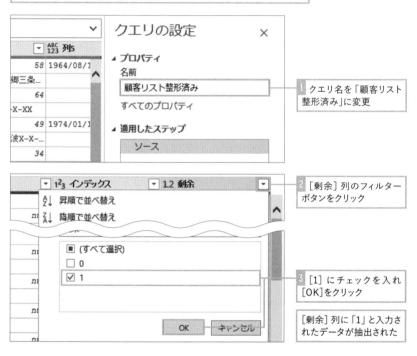

■表を結合して不要な列を削除する

　偶数行のデータとは［列1］を照合列とすることで、顧客IDを一致させて正しく結合することができます。［マージ］ダイアログボックスで必要な項目を指定した後、画面一番下のメッセージを確認しましょう。**正しく操作ができていれば［選択範囲では、最初のテーブルと30行中30行が一致しています］と表示されます。**また、**結合後に展開が必要な列を判断するため、右の表の内容を下のプレビュー画面で確認しておきましょう。**特にこの例のように列名が分かりにくい場合にはここでの確認が必須です。今回はメールアドレス、郵便番号、住所が入力されている列以外は不要ですので、［列2］［列3］［列4］を選択して展開します。展開時には**［元の列名をプレフィックスとして使用します］にチェックを付けておくと、元々奇数行だった項目か、偶数行だった項目かが分かりやすくなり、不要な列の削除の判断などもしやすくなります。**

1 ［ホーム］タブ-［クエリのマージ］をクリックして［マージ］ダイアログボックスを表示

2 右の表として［偶数行］を選択 　　　　3 ［列1］を照合列に指定

4 ［結合の種類］で［左外部］を選択 　　　　5 ［OK］をクリック

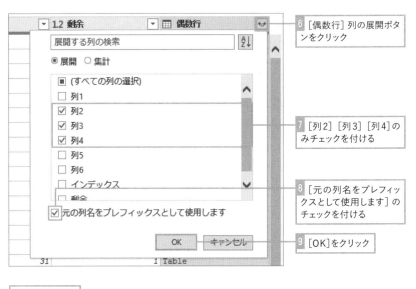

6 [偶数行]列の展開ボタンをクリック

7 [列2] [列3] [列4]のみチェックを付ける

8 [元の列名をプレフィックスとして使用します]のチェックを付ける

9 [OK]をクリック

列が展開された

10 [インデックス]列と[剰余]列を選択して右クリック

11 [列の削除]をクリック

[インデックス]列と[剰余]列が削除される

■適切な列名に変更しシートに読み込む

　データが整ったところで分かりやすい列名に変更します。列名の変更は表を2つに分けたところで行っても良いのですが、今回のように削除する列が多くなることが予想される場合には、列削除まで行ってから変更した方が手間が少なく分かりすいです。合わせてデータ型が適切なものになっているかも、確認しておきましょう。これで1件1行の顧客住所録が完成したので、シートに読み込み、次の操作に備えて内容が類推しやすい名前を付けてブックを保存しておきます。

1 列名を左から順に「顧客コード」「氏名」「氏名(ふりがな)」「年齢」「生年月日」「性別」「メールアドレス」「郵便番号」「住所」に変更

	A^B_C 顧客コード	A^B_C 氏名	A^B_C 氏名(ふりがな)
1	C-001	宮本 仁美	みやもと ひとみ
2	C-002	高崎 沙織	たかさき さおり
3	C-003	佐井 麻子	さい あさこ
4	C-004	川原 綾子	かわはら あやこ
5	C-005	柘植 愛子	つげ あいこ
6	C-006	西岡 有紀	にしおか ゆき
7	C-007	高橋 弘子	たかはし ひろこ

$^{ABC}_{123}$ 年齢	生年月日	A^B_C 性別
58	1964/08/14	女
64	1958/10/25	女
49	1974/01/13	女
34	1988/12/14	女
35	1987/07/10	女
37	1985/10/23	女
59	1964/04/05	女

A^B_C メールアドレス	A^B_C 郵便番号	$^{ABC}_{123}$ 住所
hitomimiyamoto@example.c…	005-3126	北海道札幌市白石区北郷三条…
saori_takasaki@example.c…	374-4647	群馬県前橋市城東町X-X-XX
sai113@example.jp	568-1938	大阪府大阪市中央区難波X-X-…
kawaharaayako@example.co…	168-4545	東京都墨田区亀沢X-X-X
tsuge_710@example.net	187-3300	東京都台東区浅草X-X-XXソ…
yuki_nishioka@example.net	596-2265	大阪府大阪市東淀川区豊里X-…
takahashi45@example.jp	212-4693	神奈川県相模原市中央区淵野…

[顧客リスト整形済み]シートが作成されデータが読み込まれた

	A	B	C	D	E	F	G
1	顧客コード ▼	氏名 ▼	氏名（ふりがな ▼	年齢 ▼	生年月日 ▼	性別 ▼	メールアドレス
2	C-001	宮本 仁美	みやもと ひとみ	58	1964/8/14	女	hitomimiyamoto@exam
3	C-002	高崎 沙織	たかさき さおり	64	1958/10/25	女	saori_takasaki@examp
4	C-003	佐井 麻子	さい あさこ	49	1974/1/13	女	sai113@example.jp
5	C-004	川原 綾子	かわはら あやこ	34	1988/12/14	女	kawaharaayako@exam
6	C-005	柘植 愛子	つげ あいこ	35	1987/7/10	女	tsuge_710@example.n
7	C-006	西岡 有紀	にしおか ゆき	37	1985/10/23	女	yuki_nishioka@exampl
8	C-007	高橋 弘子	たかはし ひろこ	59	1964/4/5	女	takahashi45@example.
9	C-008	松浦 愛	まつうら あい	34	1989/4/1	女	ai_matsuura@example
10	C-009	田中 理恵子	たなか りえこ	50	1973/1/10	女	tanaka110@example.jp
11	C-010	髙梨 美香	たかなし みか	51	1971/9/19	女	takanashimika@exam
12	C-011	猿山 仁美	さるやま ひとみ	39	1983/11/26	女	saruyamahitomi@exam
13	C-012	池田 佳子	いけだ よしこ	31	1992/1/5	女	ikeda_yoshiko@examp
14	C-013	長内 正太郎	おさない しょうた				osanai_shoutarou@exa
15	C-014	佐藤 良治	さとう りょうじ				ryouji_sato@example.n
16	C-015	森下 勝子	もりした まさこ				masako ta@ex
17	C-016	田中 亜美	たなか あみ				mi_tan ple.
18	C-017	杉 友理恵	すぎ ゆりえ	28	1995/3/1	女	sugi_yu le.n
19	C-018	住吉 健太	すみよし けんた	42	1980/4/26	男	kentas am
20	C-019	青山 弘子	あおやま ひろこ	31	1991/4/23	女	aoya

これでいつでも元データとして活用できる顧客リストが作成できました。

[第7章]フォルダーに[L048_顧客住所録整形済み]と名前を付けて保存しブックを閉じておく

ここもポイント！ [代替行の削除]を使い、奇数行・偶数行取り出す

　このLESSONでは、1行おきにデータを取り出して2つの表に分ける方法として、インデックス列とその剰余を使う方法を紹介しましたが、[行の削除]の[代替行の削除]を使って2つに分けることもできます。[代替行の削除]ダイアログボックスで、[削除する最初の行]に「2」、[削除する行の数]に「1」、[保持する行の数]に「1」を指定することで奇数行を取り出せます。偶数行を取り出す場合には[削除する最初の行]を「1」とし、以下は同じ設定です。削除する行の数や保持する行の数を変更することで、一定の間隔で複雑な行の抽出ができます。手順としては[剰余]を使う方法よりもこちらの方が簡単ですのでどちらも使えるようにしておくと良いでしょう。

03 顧客コードごとに購買額を求める

　［販売データ］を取得するクエリを新規ブックに作成し、顧客コードごとにグループ化することで顧客別の購買額を集計します。さらに購買額が60,000円以上のデータを抽出していきます。

■［販売データ］シートのデータを取得する

　新規ブックに［販売データ］シートを取得するクエリを作成します。「L048_販売データ.xlsx」を指定すると、［ナビゲーター］ダイアログボックスが表示され、ブックに含まれるシートを選択することができます。「L048_販売データ.xlsx」や、前のSECTIONで作成したブックにクエリを作成することもできますが、それぞれ独立したファイルとして扱う方が今後の運用に適していると判断した場合には、別のブックに作成しましょう。例えば前のSECTIONで作成したブックは部署内の他のメンバーとも共有しており、ダイレクトメールの発送は自分だけが行う業務である場合、元のブックにダイレクトメール発送用のクエリを作成してしまうと他の人には扱いにくくなってしまいます。

> 新規ブックを開き、［データ］タブ -［データの取得］-［ファイルから］-［Excelブックから］をクリックし「L048_販売データ.xlsx」をインポートしておく

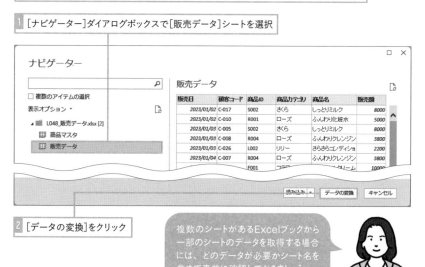

1 ［ナビゲーター］ダイアログボックスで［販売データ］シートを選択

2 ［データの変換］をクリック

複数のシートがあるExcelブックから一部のシートのデータを取得する場合には、どのデータが必要かシート名を含めて事前に確認しておきましょう。

■［購買額］列を追加しデータ型を変更する

　取得した［販売データ］シートには、顧客コードや購買額以外にも、販売商品のデータが複数の列で表示されています。今回はそれらの列は不要ですので、［グループ化］ダイアログボックスでは［顧客コード］列を選択し、［販売額］列を［合計］する［購買額］列を新たに作成します。これで、［顧客コード］と［購買額］のみを列とする新たな表が作成されました。**この時点で行数は30行になっていますので、顧客住所録にある顧客すべてがこの半年の間に何らかの商品を購買していることが確認できます。**

1 ［顧客コード］列を選択し［ホーム］タブ -［グループ化］をクリック

2 ［新しい列名］に「購買額」と入力

3 ［操作］は［合計］を、［列］は［販売額］を選択

4 ［OK］をクリック

［購買額］列が追加された

5 ［購買額］列のデータ型を「整数」に変更

■60,000円以上購買した顧客を抽出してシートに読み込む

　次に、今回ダイレクトメールを発送する条件である、「購買額が60,000円以上」の行に絞り込みを行います。［購買額］列のフィルターボタンから［数値フィルター］を使うことで条件を指定し、当てはまる行を抽出できます。この手順では12件のデータを抽出できました。このまま顧客住所録と結合したいところですが、整形後の顧客住所録をこのブックに読み込む必要があるため、一旦ここまでのステップでクエリに名前を付けて読み込んでおきます。

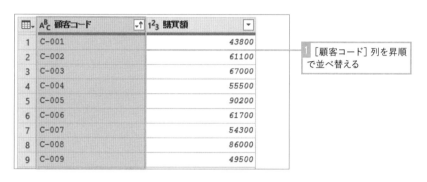

①　［顧客コード］列を昇順で並べ替える

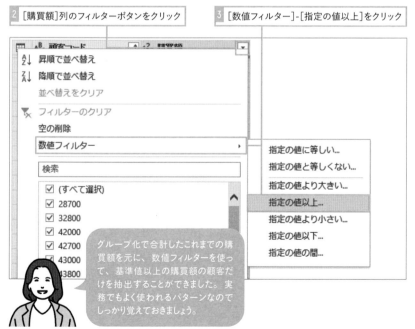

②　［購買額］列のフィルターボタンをクリック

③　［数値フィルター］-［指定の値以上］をクリック

グループ化で合計したこれまでの購買額を元に、数値フィルターを使って、基準値以上の購買額の顧客だけを抽出することができました。実務でもよく使われるパターンなのでしっかり覚えておきましょう。

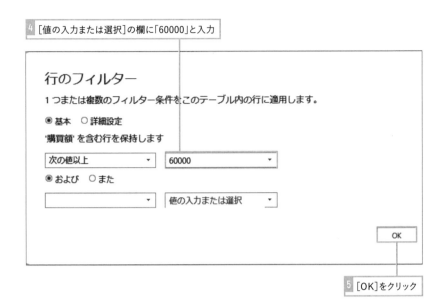

4 ［値の入力または選択］の欄に「60000」と入力

行のフィルター

1つまたは複数のフィルター条件をこのテーブル内の行に適用します。

◉ 基本　○ 詳細設定

'購買額' を含む行を保持します

| 次の値以上 ▾ | 60000 ▾ |

◉ および　○ また

| ▾ | 値の入力または選択 ▾ |

OK

5 ［OK］をクリック

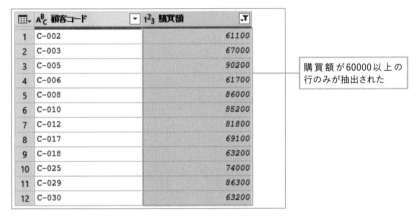

	A^B_C 顧客コード ▾	1²₃ 購買額 ▾
1	C-002	61100
2	C-003	67000
3	C-005	90200
4	C-006	61700
5	C-008	86000
6	C-010	85200
7	C-012	81800
8	C-017	69100
9	C-018	63200
10	C-025	74000
11	C-029	86300
12	C-030	63200

購買額が60000以上の行のみが抽出された

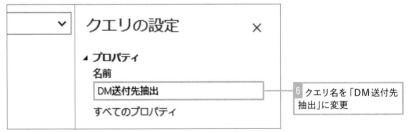

| ▾ | ## クエリの設定　✕ |

▴ プロパティ

名前

DM送付先抽出

すべてのプロパティ

6 クエリ名を「DM送付先抽出」に変更

7 ［閉じて読み込む］をクリックしてシートに読み込んでおく

04 DM送付用の表を作成する

　必要なデータが抽出されたところで、整形済みの顧客住所録と結合し、ダイレクトメールを発送する顧客だけのリストを作成していきます。住所録との結合は、必要なデータに絞り込んだところで行うのがクエリの動作を軽くするためのポイントです。

■ データを取得し接続専用クエリにする

　結合する右の表として使用する[顧客住所録整形済み]クエリを、開いているブックに作成します。[Excel ブックから]を使用して2つ前のSECTIONで作成した「L048_顧客リスト整形済み.xlsx」を指定し、[顧客リスト整形済み]シートを選択して取得します。このクエリは当ブック内では結合のためだけに使いますので接続専用クエリとします。

1 [データ]タブ - [Excel ブックから]をクリック

「L048_顧客住所録整形済み.xlsx」をインポートしておく

2 [ナビゲータ]ダイアログボックスで「顧客リスト整形済み」シートを選択

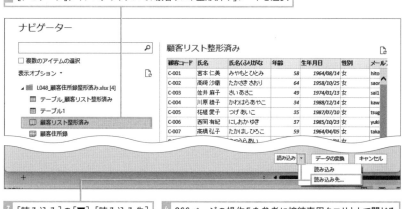

3 [読み込み]の[▼]-[読み込み先]をクリック

4 266ページの操作5を参考に接続専用クエリとして閉じる

応用編　第7章　実際の業務を例に集計してみよう

277

■表を結合し60000円以上購入した顧客の表を作る

[DM送付先抽出]クエリを再度編集します。[顧客コード]を照合列として[左外部]で結合することで、12件のデータを持つダイレクトメール発送用のリストを作成することができます。今回必要な情報は[氏名][郵便番号][住所]のみですので、展開する際には該当列を選択しましょう。またプレフィックスはない方が分かりやすいので該当のチェックを外します。これでWordの差し込み印刷にも使える、送付リストを作成することができました。

[クエリ]タブ-[編集]をクリックし[DM送付先抽出]クエリを
Power Queryエディターで表示しておく

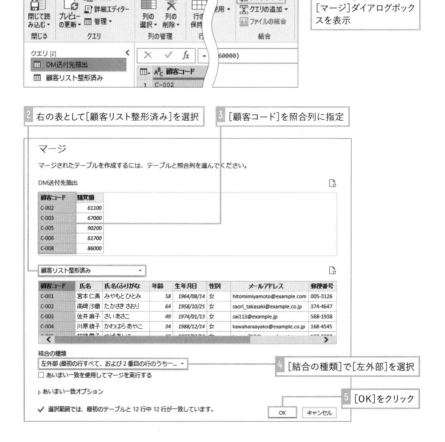

6 [顧客リスト整形済み]
列の展開ボタンをクリック

7 [氏名][郵便番号][住所]にチェックを付ける

8 [元の列名をプレフィックスとして使用します]のチェックを外す

9 [OK]をクリック

列が展開された

10 [閉じて読み込む]をクリックしてシートに読み込む

購買額60,000円以上の顧客情報がまとめられた表が作成された

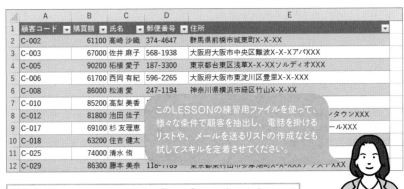

このLESSONの練習用ファイルを使って、様々な条件で顧客を抽出し、電話を掛けるリストや、メールを送るリストの作成なども試してスキルを定着させてください。

[DM送付先抽出]という名前を付けて[第7章]フォルダーに保存しておく

KEYWORD

null

プログラミングやデータベースで使用される用語で「何も無い」を表すときに使われる。Power Queryエディターのプレビュー画面では、データが入力されていないセルに「null」が表示される。読み方は「ヌル」。

Power Queryエディター

Excelに搭載された、クエリを作成するためのツール。様々なデータソースに接続してデータを取得し、プレビュー画面を見ながら編集、シートに読み込むといった一連の操作をクエリとして作成できる。

インデックス列

通し番号などを設定する際に追加できる列。0から、または1から1つずつ増分していく一般的な通し番号の他、開始番号を指定し、指定した増分での数値を列として追加することもできる。

演算子

演算、つまり計算の種類を表す記号のこと。加算を「+」、減算を「-」、乗算を「*」、除算を「/」で表す算術演算子の他、等号「=」、不等号「<」「>」により左辺と右辺を比較する比較演算子などがある。

オブジェクト

「物」「対象」といった意味の英単語。IT分野では何らかの操作や処理の対象となりえるものを表す。

カスタム列

ユーザーが任意の数式を作成して、その解を求める列のこと。パワークエリではExcelシートのように直接セルに数式を入力することはできないため、複雑な式を使って答えを求める場合にはカスタム列を使用する。

クエリ

クエリ（Query）は「質問」「問い」といった意味を持つ英単語であるが、IT分野ではデータベースに対して条件に当てはまるデータを求める命令を指す。パワークエリでは、データの取得から整形といった一連の操作を「クエリ」として作成、保存する。

クエリの追加

複数のクエリを縦に結合して1つの表にすること。各クエリの列名を基準に同じものを1つの列として結合する。

クエリのマージ

クエリとして取り込まれた2つの表を横に結合し1つの表にすること。パワークエリでは照合列の値を元に、6種類の結合方法を指定できる。

区切り記号

テキストファイルとして作成されているテーブルの内、一行のデータのどこでセルに分割するかを指定する記号のこと。一般的にCSVではカンマが使われるが、タブなど別の記号を区切り記号として使うファイルも存在する。

グループ化

指定した列の値が同じである行をまとめて集計すること。

クロス集計

2つの列の値をそれぞれ縦軸・横軸として指定し、交点に集計値を求めるもの。「ピボット集計」とも呼ばれる。

降順

並べ替えの基準で、列の値を大きい順に並べる際に使用する。対義語は「昇順」。パワークエリでは、文字列の場合「漢字」「ひらがな」「カタカナ」「アルファベット」の順となる。漢字は読みではなくコード順となることに注意。

作業ウィンドウ

Microsoft Officeシリーズのアプリで、ウィンドウ右側に表示される画面のこと。選択対象に対し、詳細な設定を行う場合に使用されることが多い。本書では[クエリと接続]作業ウィンドウがよく使われる。

サフィックス

文字列やデータの末尾に付加され、何らかの意味を持たせる文字や数値、記号のこと。接尾辞とも呼ばれる。対義語は「プレフィックス」。

条件列

指定する列の値を対象に条件を設定し、当てはまる場合と当てはまらない場合、それぞれに別の結果を表示させる列のこと。IF関数のような使い方ができる。

照合列

「クエリのマージ」を行う際、2つの表を結合する基準とするための列。照合列の値を参照し、一致／不一致を判定することでそれぞれの行をどのように結合するかが決まる。

昇順

並べ替えの基準で、列の値を小さい順に並べる際に使用する。対義語は「降順」。パワークエリでは、文字列の場合「アルファベット」「カタカナ」「ひらがな」「漢字」の順となる。漢字は読みではなくコード順となることに注意。

シリアル値

日付や時刻を表す数値。Excelのシリアル値は、1900年1月1日0時を「1」とし、そこから24時間経過ごとに数値が1増える形で表現される。このため、日付部分は整数位、時刻部分は小数点以下の値で表現される。

ステップ

Power Queryエディターの中で行われるデータ編集操作のこと。原則として1つの操作は1つのステップとして記録され、それらのステップがまとまって1つのクエリを構成する。記録されたステップは[クエリの設定]作業ウィンドウに表示され、編集／削除ができる。

接続専用クエリ

取得したデータをシートに読み込まないクエリのこと。他のクエリで参照や追加、結合するために作成されることが多い。

データ型

列の中のデータの種類を表すもの。「テキスト」「10進数」「整数」「日付」「時刻」「パーセンテージ」などの型がよく用いられる。

データソース

取得するデータが保管されている場所、ファイル。パワークエリでは、Excelで作成されたテーブルなどの他、CSVファイルや、PDF、Accessなどのデータベースで作成されたテーブルやクエリなどをデータソースとして指定できる。

データベース

一定のルールに基づいて作成されたデータの集まりのこと。一般的には条件に当てはまるデータを取り出すことを目的として作成される。Excelでもテーブルを作成することで簡単なデータベース機能を利用することができる。

テーブル

一定のルールに基づいてデータを並べ、表の形式にしたもの。縦方向に並んだデータを列と呼び、同じ種類のデータが入る。横方向に並んだデータは行と呼ばれ、1行で1件のデータの集まりになる。行方向のデータは「レコード」とも呼ばれる。

パス

小道、道筋、などの意味を持つ英単語だが、IT分野ではコンピューター内で特定のファイルがどの場所にあるかを文字列で表したものを指す。ドライブ名から目的のファイルまでを表す「絶対パス」、操作中のファイルがあるフォルダーからの道筋を表す「相対パス」がある。

ピボット解除

縦横2軸の基準でクロス集計された表を、各列に項目が設定され1行に1件のデータが入るリスト形式の表に変更する機能。

ピボットグラフ

ピボットテーブルをグラフ化したもの。ピボットテーブルと同様、集計となる軸をマウス操作で切り替えながら描画されたグラフを変化させることができるため、視点を変えながらの分析が容易に行える。

ピボットテーブル

リスト形式の表からクロス集計表を作成するExcelの機能、またその機能で作成された表。縦軸や横軸、また集計する値として指定する項目を随時変更することができるため、切り口を変えながら素早く大量のデータを集計、分析することができる。

表示形式

データの見せ方を決めるもの。Excelの表示形式はセルの書式設定の一種で「標準」「数値」「通貨」「日付」「時刻」など多くの種類があり、さらにその中で詳細な形式を選択することができる。例えば日付の表示形式を変更すると「1900/01/01」を「1900年1月1日」「明治33年1月1日」など異なった形式に見せることができる。

フィルター

大量のデータから条件に当てはまる行を取り出す機能。「抽出」とも呼ばれる。

プレフィックス

文字列やデータの先頭に付加され、何らかの意味を持たせる文字や数値、記号のこと。接頭辞とも呼ばれる。対義語は「サフィックス」。

プロパティ

属性という意味を指す英単語で、IT分野ではファイルの名前や種類、サイズなどのように、扱われる対象物の状態を指す。パワークエリには「クエリ プロパティ」「クエリのプロパティ」「ステップのプロパティ」があり、それぞれユーザーが変更できる項目もある。

マクロ

複数の操作や命令を1つにまとめて必要に応じて呼び出せるようにした機能を指す。様々なアプリケーションで利用できるが、特にExcelで使用されることが多く、様々な処理を自動化する目的で活用されている。Excelを含むOfficeシリーズで使用されるマクロ機能は、VBAというプログラミング言語で記述される。

ヘッダー

データの集まりの先頭に拭かされる、そのデータについての情報を記述した部分のこと。Power Queryエディターでは列名を示す際に使用される。

文字コード

文字をコンピューター内部や通信上で信号として扱うために割り振る符号をルール化したもの。世界中の文字には様々な文字コードがあり、日本語にも複数の文字コードがある。

リスト

同じ種類の情報をまとめて一覧にしたもの。「クロス集計表」に対して対義的に「リスト形式の表」「リスト集計の表」といった使い方をされる場合もある。

レポート

直訳すると「報告」という意味になるが、データベースの領域では、大量のデータの中からユーザーが見たいデータだけを取り出して見やすく、または印刷用に加工した結果を指す。

INDEX

おわりに

　今、日本の社会全体で「生産性向上」を求められる場面が増えています。もっと速く、もっと効率良く仕事をするにはどうしたら良いか、生み出す価値を高めるためにどうしたら良いか、常日頃から考えている方も多いことでしょう。

　私は中小企業診断士として、主に中小企業の経営をより良くすることを目指し、IT活用推進のお手伝いをしています。その中で、業務のデジタル化に伴い大量のデータを取得できるようになる一方で、大量であるがゆえにデータを活用しきれずに苦心されていたり、手法を模索されていたりといった事例を沢山拝見しています。それらのデータを効率良く処理し、適切に分析し、将来の判断に役立てることがこれからのビジネスには絶対に必要なわけですが、「そんなことは大企業にしかできない」「高価なシステムを導入しなければ無理だ」と思ってしまっていることも多いのです。

　デジタル技術の発展とともに「デジタル格差」が生まれています。でも本来、ITは誰にでも平等に使える技術です。学びのためにほんの少しだけ時間とお金を割くことで、その後の生産性をぐっと高めることのできるものなのです。それを知っていただきたいと日々活動している私にとって、本書執筆の機会はまたとないありがたいものでした。

　パワークエリを使えば大量のデータでも一瞬で適切な形に整形し、分析できるようになります。それが明日の経営判断に役立ち、事業の価値を高めることにつながります。しかもその習得はそう難しいものではありません。Excelを普段から使っている環境であれば、特に追加で費用をかけることもなく利用できます。人的・資金的リソースの少ない中小企業の方にこそ、パワークエリを活用して生産性向上につなげていただきたいと心から願っています。その傍らにいつも本書を置いていただけたなら、こんなに嬉しいことはありません。

　最後になりましたが、本書執筆に際し、多くの仕事仲間や友人に力を貸してもらいました。私一人では気づかないような、活用の切り口やヒントをもらうことも沢山ありました。ご協力いただいた全ての方に、心からの感謝を申し上げます。ありがとうございました。

2023年7月　古澤登志美

■著者

古澤登志美（ふるさわ としみ）

株式会社ワンズ・ワン代表取締役。中小企業診断士・IT コーディネータ。高校中退後様々な職と主婦生活を経て、2001 年に起業。個人・法人問わずユーザー向けの IT サポートと研修講師としてのスキルを重ねてきた。現在は「IT で仕事を楽に楽しく」をモットーに、小規模事業者に向けた生産性向上のための支援や、各種研修などを全国各地で行っている。特に「ITが苦手」な人に喜んでいただけるお手伝いをすることが一番の幸せ。

https://wans-one.co.jp

本書のご感想をぜひお寄せください
https://book.impress.co.jp/books/1122101155

読者登録サービス
CLUB impress

アンケート回答者の中から、抽選で図書カード（1,000円分）などを毎月プレゼント。
当選者の発表は賞品の発送をもって代えさせていただきます。
※プレゼントの賞品は変更になる場合があります。

STAFF

カバー・本文デザイン	吉村朋子
カバー・本文イラスト	北構まゆ
編集協力・DTP 制作	澤田竹洋（浦辺制作所）
校正	株式会社トップスタジオ
デザイン制作室	今津幸弘
制作担当デスク	柏倉真理子
編集	高橋優海
編集長	藤原泰之

■商品に関する問い合わせ先

このたびは弊社商品をご購入いただきありがとうございます。本書の内容などに関するお問い
合わせは、下記のURLまたは二次元バーコードにある問い合わせフォームからお送りください。

https://book.impress.co.jp/info/

上記フォームがご利用いただけない場合のメールでの問い合わせ先
info@impress.co.jp

※お問い合わせの際は、書名、ISBN、お名前、お電話番号、メールアドレス に加えて、「該
　当するページ」と「具体的なご質問内容」「お使いの動作環境」を必ずご明記ください。なお、
　本書の範囲を超えるご質問にはお答えできないのでご了承ください。

●電話やFAXでのご質問には対応しておりません。また、封書でのお問い合わせは回答までに日数をいた
　だく場合があります。あらかじめご了承ください。
●インプレスブックスの本書情報ページ https://book.impress.co.jp/books/1122101155 では、本書のサ
　ポート情報や正誤表・訂正情報などを提供しています。あわせてご確認ください。
●本書の奥付に記載されている初版発行日から3年が経過した場合、もしくは本書で紹介している製品やサー
　ビスについて提供会社によるサポートが終了した場合はご質問にお答えできない場合があります。

■落丁・乱丁本などの問い合わせ先

FAX　03-6837-5023

service@impress.co.jp

※古書店で購入された商品はお取り替えできません。

Excelパワークエリではじめるデータ集計の自動化
（できるエキスパート）

2023年8月11日　初版発行
2024年6月21日　第1版第3刷発行

著者　　古澤登志美

発行人　高橋隆志

発行所　株式会社インプレス
　　　　〒101-0051　東京都千代田区神田神保町一丁目105番地
　　　　ホームページ　https://book.impress.co.jp

印刷所　　株式会社暁印刷

ISBN978-4-295-01676-2　C3055

Printed in Japan